全国高等院校应用型创新规划教材·计算机系列

U0383482

JSP 编程技术

徐宏伟　刘明刚　高　鑫　主　编

张玉芬　李占宣　张剑飞　陈善利　副主编

李　岩　主　审

清华大学出版社

北　京

内 容 简 介

本书作为 JSP 相关课程的教材，从教学和实用的角度出发，详细介绍了 JSP 在 Web 应用开发中的运用。本教材从 JSP 基础知识入手，在强调使学生全面掌握 JSP 基本操作的基础上，把知识点与应用实例相结合，使学生学习起来有的放矢，操作时也更加得心应手。同时结合 JSP 内部知识体系，按照循序渐进的原则，由浅入深地介绍了如何用 JSP 进行 Web 动态网站的开发和应用。

本书所有知识都结合具体实例进行介绍，详略得当，使读者能够快速掌握开发动态网站的方法。

本书既可以作为普通高等院校计算机及相关专业的本科教材，同时，也适合 JSP 初学者及网站开发人员参考使用。

图书在版编目(CIP)数据

JSP 编程技术/徐宏伟，刘明刚，高鑫主编. —北京：清华大学出版社，2016(2024.1重印)

(全国高等院校应用型创新规划教材·计算机系列)

ISBN 978-7-302-45020-7

Ⅰ. ①J… Ⅱ. ①徐… ②刘… ③高… Ⅲ. ①JAVA 语言—网页制作工具—高等学校—教材

Ⅳ. ①TP312.8 ②TP393.092.2

中国版本图书馆 CIP 数据核字(2016)第 218997 号

责任编辑：汤涌涛
封面设计：杨玉兰
责任校对：闻祥军
责任印制：刘海龙

出版发行：清华大学出版社

网　　　址：https://www.tup.com.cn，https://www.wqxuetang.com

地　　　址：北京清华大学学研大厦 A 座　　　邮　　编：100084

社　总　机：010-83470000　　　邮　　购：010-62786544

投稿与读者服务：010-62776969, c-service@tup.tsinghua.edu.cn

质量反馈：010-62772015, zhiliang@tup.tsinghua.edu.cn

课件下载：http://www.tup.com.cn, 010-62791865

印 装 者：大厂回族自治县彩虹印刷有限公司

经　　销：全国新华书店

开　　本：185mm×260mm　　印　张：18.75　　字　数：432 千字

版　　次：2016 年 10 月第 1 版　　印　次：2024 年 1 月第 9 次印刷

定　　价：48.00 元

产品编号：069324-02

前　言

随着网络技术的发展，Web 应用程序开发空前活跃，其中尤其以 Java 领域的发展最为迅速，JSP(Java Server Pages)就是以 Java 语言为基础的 Web 应用程序开发技术。

JSP 是由 Sun 公司开发的，也是动态网页制作技术中比较优秀的解决方案。JSP 不仅拥有与 Java 语言一样的面向对象性、安全性、跨平台性、多线程等优点，还拥有 Servlet 的稳定性，并且可以使用 Servlet 提供的 API、Java Bean 以及其他框架技术，能够做到页面设计与后台代码分离，提高了工作效率。目前，无论是高等学校的计算机专业还是 IT 培训学校，都已经将 JSP 作为教学内容之一，这对于培养学生的计算机编程能力具有很重要的意义。

本书将 JSP 知识与实用案例有机地结合起来，做到知识与案例相辅相成，这既有助于学生理解知识点，也能够突出重点、难点。此外，每章配有实训练习，可以锻炼学生的项目设计和编写代码能力；实训强调实用，它使知识讲解更加全面、系统，同时，也有助于指导学生实践。每章最后附有精心编写的"练习与提高"，有助于学生对知识点的理解和巩固，也可以检验学生对知识的掌握程度。

本书共包括 9 章：第 1 章为 JSP 概述；第 2 章介绍 JSP 基础知识；第 3 章介绍 JSP 中的指令与动作；第 4 章介绍 JSP 的内置对象；第 5 章介绍 JavaBean 技术；第 6 章介绍 JSP 中数据库的使用；第 7 章介绍 Servlet 技术；第 8 章介绍表达式语言；第 9 章为综合应用实训。

本书所有例题和相关代码都已经调试通过，提供资源下载。对于每章的练习与提高，均给出了参考答案。同时，制作了相关的多媒体课件，提供给教师做参考。

本书适合作为普通高等学校计算机及相关专业"Web 程序设计"、"Java Web 应用基础"、"JSP 程序设计"、"动态网站制作"、"JSP 开发与 Web 应用"等课程的教材；同时，也适合 JSP 初学者及网站开发人员参考。

本课程属于综合性的课程，在学习本课程之前，读者应具备 Java 程序设计、数据库原理、计算机网络、静态网页制作等课程的基础。因考虑到有些院校未开设静态网页制作课程，所以本书对必须用到的 HTML 语言知识点在第 2 章中做了介绍；开设过相关课程的教师在教学过程中可以略过。

本书由徐宏伟、刘明刚、高鑫担任主编，张玉芬、李占宣、张剑飞、陈善利担任副主编，李岩担任主审。其中第 1 章、第 2 章由高鑫编写；第 3 章、第 4 章由张玉芬编写；第 5 章、第 6 章由徐宏伟编写；第 7 章、第 8 章由刘明刚编写；第 9 章由李占宣、张剑飞、陈善利编写。全书由徐宏伟、刘明刚审阅定稿。

在本书的编写过程中，虽然我们力争精益求精，但书中难免存在疏漏和不足之处，希望广大读者和同行批评指正。

编　者

目录

第1章 JSP 概述 1

1.1 B/S 结构 2

  1.1.1 B/S 结构的原理 2

  1.1.2 B/S 结构的特点 3

  1.1.3 常见的 B/S 结构动态网页 5

1.2 JSP 的技术特征 6

  1.2.1 JSP 的特点 6

  1.2.2 JSP 的工作流程 7

  1.2.3 JSP 页面的组成 8

1.3 JSP 中各种技术的关系 8

  1.3.1 JSP 与 HTML 语言 8

  1.3.2 JSP 与 Java 应用程序 8

  1.3.3 JSP 与 Java Applet 程序 9

  1.3.4 JSP 与 JavaScript 语言 9

  1.3.5 JSP 与 Servlet 技术 9

1.4 JSP 运行环境的配置 10

  1.4.1 JSP 的运行环境 10

  1.4.2 JDK 的安装与配置 11

  1.4.3 Tomcat 的安装与启动 13

  1.4.4 Eclipse 的安装与使用 16

1.5 实训一：JSP 实验环境配置及 JSP
    页面测试 21

1.6 本章小结 24

练习与提高(一) 24

第2章 JSP 基础知识 27

2.1 HTML 基础 28

  2.1.1 HTML 概述 28

  2.1.2 HTML 文件的结构 29

  2.1.3 HTML 的基本元素与属性 29

  2.1.4 表格 30

  2.1.5 表单 32

2.2 JSP 脚本标识 34

  2.2.1 声明 34

  2.2.2 代码段 37

  2.2.3 表达式 38

  2.2.4 注释 39

2.3 JSP 程序开发模式 43

  2.3.1 单纯的 JSP 编程 43

  2.3.2 JSP+JavaBean 编程 43

  2.3.3 JSP+JavaBean+Servlet 编程 44

  2.3.4 MVC 模式 45

2.4 运行 JSP 时常见的出错信息及处理 46

2.5 实训二：简单 JSP 页面的运行及
    调试 47

2.6 本章小结 48

练习与提高(二) 49

第3章 JSP 中的指令和动作 51

3.1 JSP 中的指令 52

  3.1.1 page 指令 52

  3.1.2 include 指令 57

3.2 JSP 中的动作 60

  3.2.1 include 动作标记 60

  3.2.2 param 动作标记 62

  3.2.3 forward 动作标记 64

  3.2.4 plugin 动作标记 66

  3.2.5 useBean 动作标记 68

  3.2.6 setProperty 动作标记 71

  3.2.7 getProperty 动作标记 72

3.3 实训三：JSP 指令与动作的运用 74

3.4 本章小结 78

练习与提高(三) 78

第4章 JSP 的内置对象 83

4.1 内置对象概述 84

4.2 request 对象 86
  4.2.1 获取客户信息 87
  4.2.2 获取请求参数 88
  4.2.3 获取查询字符串 90
  4.2.4 在作用域中管理属性 91
  4.2.5 获取 Cookie 92
  4.2.6 访问安全信息 93
  4.2.7 访问国际化信息 94
4.3 response 对象 94
  4.3.1 动态设置响应的类型 95
  4.3.2 重定向网页 96
  4.3.3 设置页面自动刷新以及
        定时跳转 97
  4.3.4 配置缓冲区 98
4.4 out 对象 99
  4.4.1 向客户端输出数据 100
  4.4.2 管理输出缓冲区 100
4.5 session 对象 101
  4.5.1 创建及获取客户会话属性 ...102
  4.5.2 从会话中移除指定的对象 ...103
  4.5.3 设置会话时限 104
4.6 application 对象 105
  4.6.1 查找 Servlet 有关的属性
        信息 105
  4.6.2 管理应用程序属性 106
4.7 其他内置对象 107
  4.7.1 pageContext 对象 107
  4.7.2 page 对象 109
  4.7.3 config 对象 110
4.8 实训四：简易购物网站 111
4.9 本章小结 117
练习与提高(四) 117

第 5 章 JavaBean 技术 121
5.1 JavaBean 概述 122
  5.1.1 JavaBean 简介 122
  5.1.2 JavaBean 的种类 122
  5.1.3 JavaBean 规范 123
5.2 JavaBean 的使用 124
  5.2.1 创建 JavaBean 124
  5.2.2 值 JavaBean 的使用 127
  5.2.3 工具 JavaBean 的使用 132
5.3 实训五：用 JavaBean 实现购物车 ...135
5.4 本章小结 144
练习与提高(五) 145

第 6 章 JSP 中数据库的使用 147
6.1 JDBC 技术 148
  6.1.1 JDBC 概述 148
  6.1.2 JDBC 驱动程序 149
6.2 JDBC 的使用步骤 151
  6.2.1 加载 JDBC 驱动程序 151
  6.2.2 创建数据库连接 153
  6.2.3 创建 Statement 实例 155
  6.2.4 执行 SQL 语句、获得结果 ...156
  6.2.5 关闭连接 158
6.3 数据库操作技术 159
  6.3.1 SQL 常用命令 159
  6.3.2 创建数据库 162
  6.3.3 查询操作 165
  6.3.4 更新操作 175
  6.3.5 添加操作 179
  6.3.6 删除操作 182
  6.3.7 访问 Excel 文件 183
6.4 实训六：用户管理系统 185

6.5 本章小结 194

练习与提高(六) 194

第 7 章 Servlet 技术 199

7.1 Servlet 基础 200

    7.1.1 Servlet 简介 200

    7.1.2 Servlet 的生命周期 201

    7.1.3 Servlet 类和方法 202

    7.1.4 简单的 Servlet 程序 203

7.2 Servlet 跳转 205

    7.2.1 客户端跳转 205

    7.2.2 服务器跳转 206

7.3 Servlet 的使用 207

    7.3.1 获取客户端信息 207

    7.3.2 过滤器 210

    7.3.3 监听器 214

7.4 实训七:Servlet 应用 218

7.5 本章小结 223

练习与提高(七) 223

第 8 章 表达式语言 225

8.1 EL 表达式的语法 226

    8.1.1 EL 简介 226

    8.1.2 运算符 227

    8.1.3 变量与常量 233

    8.1.4 保留字 236

8.2 EL 数据访问 237

    8.2.1 对象的作用域 238

    8.2.2 访问 JavaBean 240

    8.2.3 访问集合 242

8.3 其他内置对象 243

    8.3.1 param 和 paramValues 对象 ... 243

    8.3.2 cookie 对象 245

    8.3.3 initParam 对象 246

8.4 实训八:用 EL 表达式实现数据

    传递 247

8.5 本章小结 250

练习与提高(八) 250

第 9 章 综合应用实训 251

9.1 简易的留言管理程序 252

    9.1.1 需求分析 252

    9.1.2 总体设计 253

    9.1.3 系统实现 254

9.2 MVC 模式留言管理程序 265

    9.2.1 需求分析 265

    9.2.2 总体设计 266

    9.2.3 系统实现 266

9.3 本章小结 287

参考文献 289

第 1 章

JSP 概述

本章要点

本章介绍 JSP 相关技术的概念及运行环境的配置，主要包括 B/S 结构原理、JSP 技术特征、JSP 中各种技术的关系、JSP 运行环境的配置等。通过本章学习，读者对 JSP 技术将有个全面的了解。

学习目标

1. 了解动态网页技术相关的知识。
2. 掌握 JSP 的特点及运行原理。
3. 熟练掌握 JSP 运行环境的配置。

1.1 B/S 结构

1.1.1 B/S 结构的原理

在介绍 B/S 结构之前，有必要先来了解一下 C/S 结构。

C/S(Client/Server)结构分为客户机和服务器两层，客户机不是毫无运算能力的输入、输出设备，而是具有一定数据处理和数据存储能力的，通过把应用软件的计算和数据合理地分配在客户机和服务器两端，可以有效地降低网络通信量和服务器运算量。由于服务器连接个数和数据通信量的限制，这种结构的软件适于在用户数目不多的局域网内使用。国内现阶段的大部分 ERP 软件产品即属于此类结构。

B/S(Browser/Server)结构即浏览器/服务器结构，用户可以通过浏览器去访问 Internet 上的由 Web 服务器产生的文本、数据、图像、动画、视频点播和声音等信息，而每一个 Web 服务器又可以通过各种方式与数据库服务器连接，大量的数据实际存放在数据库服务器中。用户浏览器从 Web 服务器下载网页到本地来执行，在下载过程中，若遇到与数据库有关的页面指令，则由 Web 服务器交给数据库服务器来解释执行，并把结果返回给 Web 服务器，Web 服务器又返回给用户浏览器。在这种结构中，页面链接将许许多多的 Web 服务器网络连接起来，形成一个巨大的网，即因特网(Internet)。而各个企业可以在此结构的基础上建立自己的 Web 服务器网站。

在 B/S 结构中，一切从用户的操作开始。用户在浏览器页面中提交请求，浏览器把请求发送给服务器，服务器接收并处理请求，然后把用户请求的数据(网页文件、图片、声音等)返回给浏览器，从而完成一次请求，如图 1-1 所示。

1. Web 应用程序

最简单的 Web 应用程序其实就是一些 HTML 文件和其他的一些资源文件组成的集合。Web 站点则可以包含多个 Web 应用程序。它们位于 Internet 上的一个服务器中，一个 Web 站点其实就对应着一个网络服务器(Web 服务器)。

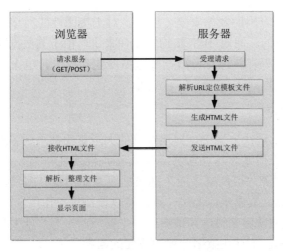

图 1-1　B/S 结构中的请求及响应

2．服务器

服务器(Server)既是计算机硬件的称谓，有时又是计算机服务端软件的称谓，用户应该正确区分它们，主要依据具体的语境。

(1) 服务器作为计算机硬件：服务器应该算是一种高性能的计算机，它作为网络的节点，存储、处理网络上的数据、信息，因此也被称为网络的灵魂。

(2) 服务器作为计算机软件：尽管用户使用计算机上网时，其实是访问服务器硬件，但是，硬件上安装了服务器软件，例如 IIS 服务器、Java 服务器、.NET 服务器，它们负责接收用户的访问请求，并根据请求，经过计算，将数据返回给用户的客户端(浏览器)。

服务器软件可以分为两类：一类是 Web 服务器，是一种连接在 Internet 上的计算机的软件，负责处理 Web 浏览器提交的文本请求；另一类是应用程序服务器(即 App Server)。

IIS 和 Apache 是最常用的 Web 服务器软件；而 Java 服务器、.NET 服务器、PHP 服务器是最常用的应用程序服务器软件。

3．浏览器

浏览器是阅读和浏览 Web 的工具，它是通过客户端/服务器方式与 Web 服务器交互信息的。一般情况下，浏览器就是客户端，它要求服务器把指定信息传送过来，然后通过浏览器把信息显示在屏幕上。就像从电视上看到画面一样，浏览器实际上是一种允许用户浏览 Web 信息的软件，只不过这些信息是由 Web 服务器发送出来的。

1.1.2　B/S 结构的特点

与 C/S 结构相比，B/S 结构具有以下特点。

1．数据安全性比较

由于 C/S 结构软件的数据分布特性，客户端所发生的火灾、失窃、地震、病毒、黑客等事件都成了可怕的数据杀手。另外，对于集团性的异地软件应用，采用 C/S 结构就必须在各地安装多个服务器，并在多个服务器之间进行数据同步。如此一来，每个数据点上的

数据安全都影响了整个应用的数据安全。所以，对于集团性的大型应用来讲，C/S 结构的安全性是令人无法接受的。而对 B/S 结构的软件米讲，由于其数据集中存放于总部的数据库服务器中，客户端不保存任何业务数据和数据库连接信息，也无须进行什么数据同步，所以这些安全问题自然也就不存在了。

2. 数据一致性比较

在 C/S 结构软件的解决方案中，异地经营的大型集团都采用各地安装区域级服务器，然后再进行数据同步的模式。这些服务器每天必须同步完毕后，总部才可得到最终的数据。而由于局部网络故障，可能会造成个别数据库不能同步。即使能够同步，各服务器也不是一个时点上的数据，数据永远无法一致，难以在决策中使用。

而对于 B/S 结构的软件来讲，其数据是集中存放的，客户端发生的每一笔业务单据都直接进入到中央数据库，不存在数据一致性方面的问题。

3. 数据实时性比较

在集团级应用中，C/S 结构不可能随时随地看到当前业务的发生情况，看到的都是事后数据；而 B/S 结构则不同，它可以实时展现当前发生的所有业务，方便了快速决策，能够有效地避免企业损失。

4. 数据溯源性比较

由于 B/S 结构的数据是集中存放的，所以总公司可以直接追溯到各级分支机构的原始业务单据，也就是说，看到的结果可以溯源。大部分 C/S 结构的软件则不同，为了减少数据通信量，仅仅上传中间报表数据，在总部不可能查到各分支机构的原始单据。

5. 服务响应及时性比较

企业的业务流程、业务模式不是一成不变的，随着企业的不断发展，必然会不断调整。软件供应商提供的软件也不是完美无缺的，所以，对已经部署的软件产品进行维护、升级是正常的。对于 C/S 结构的软件来说，由于其应用是分布的，需要对每一个使用节点进行程序安装，所以，即使非常小的程序缺陷，都需要很长的重新部署时间，重新部署时，为了保证各程序版本的一致性，必须暂停一切业务进行更新(即"休克更新")，其服务响应时间是不可忍受的。而 B/S 结构的软件则不同，其应用都集中于总部服务器上，各应用节点并没有任何程序，服务器中有更新时，则全部客户端浏览器都会收到应用程序更新，可以获得快速的服务响应。

6. 网络应用限制比较

C/S 结构的软件仅适用于局域网内部用户或宽带用户；而 B/S 结构的软件可以适用于任何网络结构(包括拨号入网方式)，特别适用于宽带不能到达的地方，例如有些仅靠电话上网使用的软件系统。

7. 存储模式比较

B/S 结构中，相应的数据完全来自于后台数据库；而 C/S 结构中，部分数据来源于存储在本地的临时文件，剩余的部分来源于数据库，因此 C/S 结构可以有更快的响应。

1.1.3　常见的 B/S 结构动态网页

常见的 B/S 结构动态网页如图 1-2～1-4 所示。

图 1-2　搜狐网站首页

图 1-3　中国建设银行网站页面

图 1-4　淘宝网站首页

1.2 JSP 的技术特征

1.2.1 JSP 的特点

JSP(Java Server Pages)，即 Java 服务器页面，本质上是一种简化的 Servlet 设计，它是由 Sun Microsystems 公司倡导，在许多公司的参与下一起建立的一种动态网页技术标准。

JSP 技术可以调用强大的 Java 类库，并可以与其他一些与之相关的技术(Servlet、JavaBean、EJB)联合工作。JSP 具有许多优秀的特点。

1. 跨平台

JSP 是以 Java 为基础开发的，所以它不仅可以沿用 Java 强大的 API 功能，而且不管是在哪种平台下，只要服务器支持 JSP，就可以运行和使用以 JSP 开发的 Web 应用程序，体现了跨平台、跨服务器的特点。例如，Windows 下的 IIS 通过 JUN 或 ServletExec 插件就能支持 JSP。如今最流行的 Web 服务器 Apache 同样能够支持 JSP，而且 Apache 支持多种平台，从而使得 JSP 可以在多个平台上运行。

在数据库操作中，因为 JDBC 同样是独立于平台的，所以在 JSP 中使用 Java API 提供的 JDBC 来连接数据库时，就不用担心平台变更时的代码移植问题了。正是因为 Java 的这种特征，使得以 JSP 开发的 Web 应用程序能够很简单地运用到不同的平台上。

2. 分离静态内容和动态内容

在前面提到的 Java Servlet，对于开发 Web 应用程序而言是一种很好的技术，但同时面临着一个问题：所有的内容必须在 Java 代码中来完成，包括 HTML(超文本标记语言)代码，同样要嵌入到程序代码中来生成静态的内容。这使得即使因 HTML 代码出现的小问题，也需要由熟悉 Java Servlet 的程序员来解决。

JSP 弥补了 Java Servlet 在工作中的不足。使用 JSP，程序员可以使用 HTML 或 XML标记来设计和格式化静态的内容部分，可以使用 JSP 标记及 JavaBean 组件或者小脚本程序来制作动态内容部分。服务器将执行 JSP 标记和小脚本程序，并将结果与页面中的静态部分结合后以 HTML 页面的形式发送给客户端浏览器。程序员可以将一些业务逻辑封装到JavaBean 组件中，Web 页面的设计人员可以利用程序员开发的 JavaBean 组件和 JSP 标记来制作动态页面，而且不会影响到内容的生成。将静态内容与动态内容明确分离，是以Java Servlet 开发 Web 应用发展为以 JSP 开发 Web 应用的重要因素之一。

3. 可重复使用的组件

JavaBean 组件是 JSP 中不可缺少的重要组成部分之一，程序通过 JavaBean 组件来执行所要求的复杂运算。JavaBean 组件不仅可以应用于 JSP 中，同样适用于其他的 Java 应用程序。这种特性使得开发人员之间可以共享 JavaBean 组件，加快了应用程序的总体开发进程。同样，JSP 的标准标签和自定义标签与 JavaBean 组件一样，可以一次生成，重复使用。这些标签都是通过编写的程序代码来实现特定功能的，在使用它们时，与通常在页面中用到的 HTML 标记用法相同。这样，可以将一个复杂的而且需要出现多次的操作简单化，显著提高了工作效率。

4．沿用了 Java Servlet 的所有功能

相对于 Java Servlet 来说，使用从 Java Servlet 发展而来的 JSP 技术开发 Web 应用更加简单易学，并且 JSP 同样提供了 Java Servlet 所有的特性。实际上，服务器在执行 JSP 文件时，先将其转换为 Servlet 代码，然后再对其进行编译。可以说 JSP 就是 Servlet。创建一个 JSP 文件，其实就是创建一个 Servlet 文件的简化操作。因而，Servlet 中的所有特性在 JSP 中同样可以使用。

5．预编译

预编译是 JSP 的另一个重要的特性。JSP 页面在被服务器执行前，都是已经被编译好的，并且通常只进行一次编译，即在 JSP 页面被第一次请求时进行编译，而在后续的请求中，如果 JSP 页面没有被修改过，服务器只需要直接调用这些已经被编译好的代码即可，从而显著提高了访问速度。

1.2.2　JSP 的工作流程

当客户端浏览器向服务器发出请求访问一个 JSP 页面时，服务器根据该请求加载相应的 JSP 页面，并对该页面进行编译，然后执行。

JSP 的处理过程如图 1-5 所示。

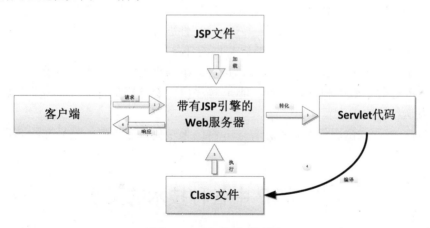

图 1-5　JSP 的处理过程

(1)　客户端通过浏览器向服务器发出请求。在该请求中，包含了请求的资源的路径，这样，当服务器接收到该请求后，就可以知道被请求的资源。

(2)　服务器根据接收到的客户端的请求，来加载被请求的 JSP 文件。

(3)　Web 服务器中的 JSP 引擎会将被加载的 JSP 文件转化为 Servlet。

(4)　JSP 引擎将生成的 Servlet 代码编译成 Class 文件。

(5)　服务器执行这个 Class 文件。

(6)　最后，服务器将执行结果发送给浏览器进行显示。

从上面的介绍中可以看到，JSP 文件被 JSP 引擎转换后，又被编译成了 Class 文件，

最终由服务器通过执行这个 Class 文件，来对客户端的请求进行响应。其中第 3 步与第 4 步构成了 JSP 处理过程中的翻译阶段，而第 5 步为请求处理阶段。

如前所述，并不是每次请求都需要重复进行这样的处理。当服务器第一次接收到对某个页面的请求时，JSP 引擎的确要进行上述的处理过程，将被请求的 JSP 文件编译成 Class 文件。但在后续对该页面再次进行请求时，若页面没有进行任何改动，服务器只需直接调用 Class 文件执行即可。

所以，当某个 JSP 页面第一次被请求时，会有一些延迟，而再次访问时，就会感觉快了很多。如果被请求的页面经过修改，服务器将会重新编译这个文件，然后执行。

1.2.3　JSP 页面的组成

在传统的 HTML 页面文件中加入 Java 程序段和 JSP 标签，就构成了一个 JSP 页面文件。一个 JSP 页面可由 5 种元素组合而成。

(1) 普通的 HTML 标记符。

(2) JSP 标签，如指令标签、动作标签。

(3) 变量和方法的声明。

(4) Java 程序段。

(5) Java 表达式。

我们称后三部分为 JSP 的脚本部分。

当服务器上的一个 JSP 页面被第一次请求执行时，服务器上的 JSP 引擎首先将 JSP 页面文件转译成一个 Java 文件，再将这个 Java 文件编译，生成字节码文件，然后通过执行字节码文件响应客户的请求。这个字节码文件的任务如下：

● 把 JSP 页面中普通的 HTML 标记符号交给客户的浏览器执行显示。

● JSP 标签、数据和方法声明、Java 程序段由服务器负责执行，将需要显示的结果发送给客户的浏览器。

● Java 表达式由服务器负责计算，并将结果转化为字符串，然后交给客户的浏览器负责显示。

1.3　JSP 中各种技术的关系

1.3.1　JSP 与 HTML 语言

(1) HTML 页面是静态页面，也就是事先由用户写好放在服务器上，由 Web 服务器向客户端发送。

(2) JSP 页面是由 JSP 容器执行该页面的 Java 代码部分，然后实时生成的 HTML 页面，因而是动态的页面。

1.3.2　JSP 与 Java 应用程序

Java 语言是由 Sun 公司于 1995 年推出的编程语言，一经推出，就赢得了业界的一致好评，并受到了广泛的关注。Java 语言适用于 Internet 环境，目前已成为开发 Internet 应用的主要语言之一。它具有简单、面向对象、可移植性、分布性、解释器通用性、稳健、多线程、安全和高性能等优点。其中最重要的，就是实现了跨平台运行，这使得应用 Java 开发的程序可以方便地移植到不同的操作系统中运行。

　　JSP 是以 Java 为基础，建立在服务器上的动态网页代码。JSP 页面由传统的 HTML 代码和嵌入到其中的 Java 代码组成。当用户请求一个 JSP 页面时，服务器会执行这些 Java 代码，然后将结果与页面中的静态部分相结合，返回给客户端浏览器。

1.3.3　JSP 与 Java Applet 程序

　　Java Applet 就是用 Java 语言编写的小应用程序，可以直接嵌入到网页中，并能够产生特殊的效果，主要应用在互联网前端开发中。

　　当用户访问这样的网页时，Applet 被下载到用户的计算机上执行，但前提是，用户使用的是支持 Java 的网络浏览器。在 Java Applet 中，可以实现图形绘制、字体和颜色控制、动画和声音的插入、人机交互及网络交流等功能。

1.3.4　JSP 与 JavaScript 语言

　　JavaScript 是在浏览器中运行的脚本语言，由于其大部分语法规范取自于 Java 语法规范，所以取名为 JavaScript。JavaScript 是一门基于对象的弱类型脚本编程语言，是现在比较热门的 Ajax 技术的核心。

　　JavaScript 通常主要用来制作网页的前台，不需要服务器的后台支持，混合在 HTML 中的 JavaScript 脚本程序直接被浏览器解释执行。JavaScript 以提高页面的美观性和 UI(用户界面)操作的响应速度为基本目标。

　　与 JavaScript 相比，JSP 运行在后台服务器上，混合在 HTML 中的 Java 程序段用于控制 HTML 的动态生成，并且通常负责调用后台数据库中的数据，形成能够根据使用情况变化的、具有丰富数据交互效果的页面。

1.3.5　JSP 与 Servlet 技术

　　Servlet 是在 JSP 之前就存在的运行在服务端的一种 Java 技术，它是用 Java 语言编写的服务器端程序，Java 语言能够实现的功能，Servlet 基本上都可以实现(除图形界面外)。Servlet 主要用于处理 HTTP 请求，并将处理的结果传递给浏览器，生成动态 Web 页面。

　　Servlet 具有可移植(可在多种系统平台和服务器平台下运行)、功能强大、安全、可扩展和灵活等优点。

　　在 JSP 中用到的 Servlet 通常都继承自 javax.servlet.http.HttpServlet 类，在该类中实现了用来处理 HTTP 请求的大部分功能。因此，JSP 是在 Servlet 的基础上开发的一种新的技术，JSP 与 Servlet 有着密不可分的关系。JSP 页面在执行过程中会被转换为 Servlet，然后由服务器执行该 Servlet。

1.4　JSP 运行环境的配置

1.4.1　JSP 的运行环境

使用 JSP 进行开发，需要具备以下对应的运行环境：Web 浏览器、Web 服务器、JDK 开发工具包，以及数据库。

1．Web 浏览器

浏览器可以显示网页服务器或者文件系统的 HTML 文件(标准通用标记语言的一个应用)内容，并让用户与这些文件交互。即浏览器可以用来显示万维网或局域网的文字、图像及其他信息。这些文字或图像，可以是连接其他网址的超链接，用户可迅速及轻易地浏览各种信息。大部分网页为 HTML 格式。

在 B/S 结构中，浏览器主要作为客户端用户访问 Web 应用的工具，与开发 JSP 应用不存在很大的关系，所以开发 JSP 对浏览器的要求并不是很高，任何支持 HTML 的浏览器都可以。

2．Web 服务器

Web 服务器是运行及发布 Web 应用的大容器，只有将开发的 Web 项目放置到该容器中，才能使网络中的所有用户通过浏览器进行访问。

开发 JSP 应用所采用的服务器主要是与 Servlet 兼容的 Web 服务器，比较常用的有 BEA WebLogic、IBM WebSphere 和 Apache Tomcat 等。

WebLogic 是 BEA 公司的产品，它又分为 WebLogic Server、WebLogic Enterprise 和 WebLogic Portal 系列，其中，WebLogic Server 的功能特别强大，它支持企业级的、多层次的和完全分布式的 Web 应用，并且服务器的配置简单、界面友好，对于那些正在寻求能够提供 Java 平台所拥有的一切的应用服务器的用户来说，WebLogic 是一个十分理想的选择。有兴趣的读者可以自行学习 WebLogic 服务器的安装与配置。

Tomcat 服务器最为流行，它是 Apache-Jarkarta 开源项目中的一个子项目，是一个小型的、轻量级的、支持 JSP 和 Servlet 技术的 Web 服务器，由于它具有轻量化特征，易于安装和使用，现在已经成为学习、开发 JSP 应用的首选。目前 Tomcat 的最新版本为 apache-tomcat-7.0。但是，为了演示系统的稳定性，本书采用 Tomcat 6.0 稳定版来演示。

3．JDK

JDK(Java Develop Kit，Java 开发工具包)包括运行 Java 程序所必需的 JRE 环境及开发过程中常用的库文件。在使用 JSP 开发网站之前，首先必须安装 JDK，目前，JDK 的最新版本为 JDK 1.8。

4．Eclipse 集成开发环境

Eclipse 最初由 IBM 公司开发，是著名的跨平台自由集成开发环境(IDE)，最初主要用 Java 语言开发，2001 年 11 月贡献给了开源社区，现在，它由非营利软件供应商联盟

Eclipse 基金会(Eclipse Foundation)管理。

　　Eclipse 可扩展体系结构的成熟性，体现于为创建可扩展的开发环境提供了一个开放源代码的平台。这个平台允许任何人构建与环境或其他工具无缝集成的工具，而工具与Eclipse 无缝集成的关键是插件。

　　Eclipse 还包括插件开发环境(Plug-in Development Environment，PDE)，PDE 主要是针对那些希望扩展 Eclipse 的编程人员而设定的。这也正是 Eclipse 最具魅力的地方。通过不断地集成各种插件，Eclipse 的功能也在不断地扩展，以便支持各种不同的应用。

　　虽然 Eclipse 是针对 Java 语言而设计开发的，但随着时间的推移和技术的进步，Eclipse 已经成长为基于 Java 的、开放源码的、可扩展的应用开发平台，它可为编程人员提供一流的 Java 集成开发环境。通过安装不同的插件，Eclipse 可以支持诸如 JSP、C/C++、PHP、COBOL 等编程语言。

1.4.2　JDK 的安装与配置

　　JDK 由 Sun 公司提供，其中包含运行 Java 程序所必需的 Java 运行环境(Java Runtime Environment，JRE)及开发过程中常用的库文件。在使用 JSP 开发网站之前，首先必须安装JDK 组件。

1．JDK 的安装

当前 JDK 的版本已经发展到 JDK 1.8，读者可到官方网站进行下载，网址如下：

http://www.oracle.com/technetwork/java/javase/downloads/index.html

　　下载后的文件名称为 jdk-8u77-windows-i586.exe。双击该文件，即可开始安装。具体的安装步骤如下。

　　(1) 双击安装文件，在弹出的对话框中，单击"接受"按钮，接受许可证协议。

　　(2) 此时将弹出"定制安装"对话框，在该对话框中选择 JDK 的安装路径。可以单击"更改"按钮更改安装路径，保留其他默认选项，如图 1-6 所示。

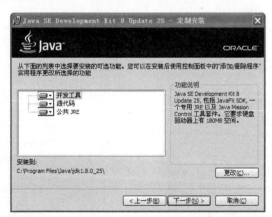

图 1-6　选择 JDK 的安装路径

　　(3) 单击"下一步"按钮，开始安装，如图 1-7 所示。

(4) 在安装的过程中，会弹出另一个"自定义安装"对话框，提示用户选择 Java 运行时环境的安装路径。可以单击"更改"按钮更改安装路径，其他保留默认选项。

(5) 单击"下一步"按钮继续安装。

(6) 最后单击"关闭"按钮完成 JDK 的安装，如图 1-8 所示。

图 1-7　安装 JRE

图 1-8　JDK 安装完成

2．JDK 的配置与测试

JDK 安装完成后，需要设置环境变量及测试 JDK 配置是否成功，具体步骤如下。

(1) 右击"我的电脑"，从弹出的快捷菜单中选择"属性"命令。在弹出的"系统属性"对话框中选择"高级"选项卡，然后单击"环境变量"按钮，将弹出"环境变量"对话框，如图 1-9 所示。

(2) 在"环境变量"对话框中，单击"系统变量"区域中的"新建"按钮，将弹出"新建系统变量"对话框。

(3) 在"新建系统变量"对话框中，在"变量名"文本框中输入 JAVA_HOME，在"变量值"文本框中输入 JDK 的安装路径"C:\Program Files\Java\jdk1.8.0_25"，最后单击"确定"按钮，就完成了变量 JAVA_HOME 的创建。之后可以通过"编辑"按钮，来查看所建立的系统变量，如图 1-10 所示。

图 1-9　"环境变量"对话框

图 1-10　新建的系统变量 JAVA_HOME

（4）查看是否存在 Path 变量，若存在，则加入"%JAVA_HOME%\bin"，如图 1-11 所示。若不存在，则创建该变量，并设置为"%JAVA_HOME%\bin"。

（5）查看是否存在 CLASSPATH 变量，若存在，则加入如下值：

```
.;%JAVA_HOME%\lib\dt.jar;%JAVA_HOME%\lib\tools.jar
```

若不存在，则创建该变量，并设置上面的变量值，如图 1-12 所示。

图 1-11　编辑系统变量 Path　　　　图 1-12　编辑系统变量 CLASSPATH

（6）接下来测试 JDK 配置是否成功。依次选择"开始"→"运行"菜单命令，在弹出的"运行"对话框中输入"cmd"命令，进入 MS-DOS 命令窗口。进入任意目录下后，输入"javac"命令，按 Enter 键，系统会输出 javac 命令的使用帮助信息，如图 1-13 所示。这说明 JDK 配置已经成功，否则需要检查上面各步骤的配置是否正确。

图 1-13　JDK 安装成功

1.4.3　Tomcat 的安装与启动

Tomcat 服务器是由 JavaSoft 和 Apache 开发团队共同提出及合作开发的产品。它能够支持 Servlet 2.4 和 JSP 2.0，并且具有免费、跨平台等诸多特性。Tomcat 服务器已经成为学习开发 JSP 应用的首选，本书中的所有例子都使用了 Tomcat 作为 Web 服务器。

1. 安装 Tomcat

本书中采用的是 Tomcat 6.0 版本，读者可到 Tomcat 官方网站下载，网址如下：

http://tomcat.apache.org

进入 Tomcat 官方网站后，单击网站页面左侧 Download 区域中的 Tomcat 6.x 超链接，进入 Tomcat 6.x 下载页面。在该页面中单击 Windows Service Installer 超链接，下载 Tomcat，下载页面如图 1-14 所示。

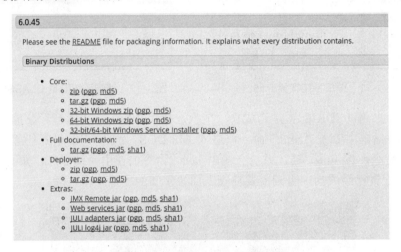

图 1-14   Tomcat 6.0 的下载页面

下载并解压后的文件名为 apache-tomcat-6.0.45.exe。双击该文件，即可安装 Tomcat，具体的安装步骤如下。

(1) 双击 apache-tomcat-6.0.45.exe 文件，弹出安装向导对话框，如图 1-15 所示。单击 Next 按钮后，将进入许可协议界面，单击 I Agree 按钮，接受许可协议。

(2) 将进入 Choose Components 界面，在该界面中选择需要安装的组件，通常保留其默认选项，如图 1-16 所示。

图 1-15   Tomcat 安装向导

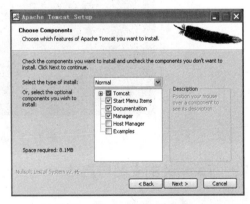

图 1-16   选择要安装的 Tomcat 组件

(3) 单击 Next 按钮，将进入 Choose Install Location 界面。可以在该界面中通过单击

Browse 按钮更改 Tomcat 的安装路径，如图 1-17 所示。

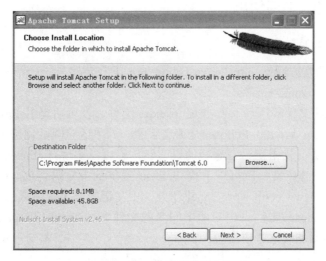

图 1-17　选择安装路径

(4) 单击图 1-17 所示界面中的 Next 按钮，在出现的界面中设置访问 Tomcat 服务器的端口及用户名和密码，通常保留默认配置，即端口为 8080、用户名为 admin、密码为空。

(5) 单击 Next 按钮，在出现的 Java Virtual Machine 界面中选择 Java 虚拟机路径，这里选择 JDK 的安装路径，如图 1-18 所示。

(6) 最后单击图 1-18 所示界面中的 Install 按钮，开始安装 Tomcat。

2．启动 Tomcat

安装完成后，下面来启动并访问 Tomcat，具体步骤如下。

(1) 依次选择"开始"→"程序"→"ApacheTomcat6.0"→"Monitor Tomcat"菜单项，在任务栏右侧的托盘中将出现 图标，右击该图标，从弹出的快捷菜单中选择 Start Service 命令，启动 Tomcat。

(2) 打开 IE 浏览器，在地址栏中输入"http://localhost:8080"访问 Tomcat 服务器，若出现如图 1-19 所示的页面，则说明 Tomcat 安装成功。

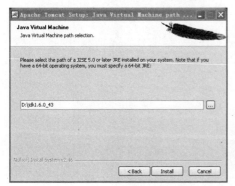

图 1-18　选择 JDK 安装路径

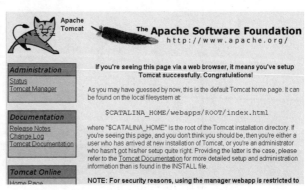

图 1-19　Tomcat 测试页

1.4.4 Eclipse 的安装与使用

1. Eclipse 的安装与启动

可到 Eclipse 的官方网站 http://www.eclipse.org 下载 Eclipse 最新版本，当前最新版本为 eclipse-jee-mars-2-win32.zip。

(1) 将下载后的文件解压后，双击 eclipse.exe 文件，就可启动 Eclipse。

(2) 解压完成后，启动的 Eclipse 是英文版的。为了适应国际化需求，Eclipse 提供了多国语言包，只需要下载相应语言环境的语言包，就可以实现 Eclipse 的本地化。例如，当前的语言环境为简体中文，就可以下载 Eclipse 提供的中文语言包。Eclipse 提供的多国语言包可以到 http://www.eclipse.org/babel 下载。中文语言包下载完成后，将下载的所有语言包解压并覆盖 Eclipse 文件夹中的两个同名的文件夹 features 和 plugins，这样，启动 Eclipse 时，便会自动加载这些语言包。

启动 Eclipse，此时，可看到汉化后的 Eclipse 启动界面。

(3) 每次启动 Eclipse 时，都需要设置工作空间，工作空间用来存放创建的项目：可通过单击 Browse 按钮来选择一个存在的目录，如图 1-20 所示。可通过选中 Use this as the default and do not ask again(将此值用作默认值且不再询问)复选框来屏蔽该对话框。

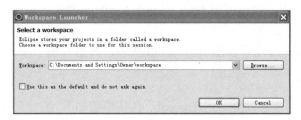

图 1-20　设置 Eclipse 的工作空间

(4) 最后单击 OK 按钮，则进入 Eclipse 的界面，如图 1-21 所示。

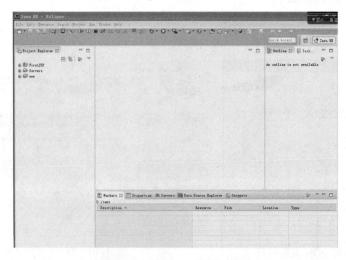

图 1-21　Eclipse 的工作界面

2．安装 MyEclipse 插件

MyEclipse 是一个可免费试用 30 天的收费 Eclipse 插件，其功能十分强大。它为 Eclipse 提供了大量 Java 工具的集合，如 CCS/JS/HTML/XML 编辑器、帮助创建 EJB 和 Struts 项目的向导、编辑 Hibernate 配置文件和执行 SQL 语句的工具等。

可以通过 https://www.genuitec.com 网站下载 MyEclipse 完全安装版本，免去了再次集成 Eclipse 的麻烦。下面介绍 MyEclipse 完全版本的安装。

(1)　双击可执行文件，系统将进行安装前的准备，并弹出 InstallAnywhere 对话框显示进度，结束后，界面如图 1-22 所示。

(2)　进入安装程序界面，单击界面中的 Next 按钮，将进入许可协议界面。

(3)　选中许可协议界面中的 I accept the terms of the License Agreement 单选按钮，接受许可协议，并单击 Next 按钮。

(4)　此时将出现 Choose Eclipse Folder 界面，要求用户选择 Eclipse 的安装路径。用户可通过单击 Choose 按钮进行选择。

(5)　单击 Next 按钮，进入 Choose Install Folder 界面，要求用户选择 MyEclipse 插件的安装路径。用户可通过单击 Choose 按钮进行选择，如图 1-23 所示。

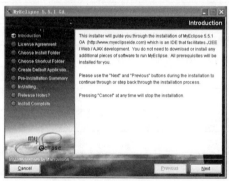　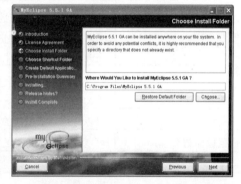

图 1-22　MyEclipse 的安装界面　　　　　图 1-23　MyEclipse 的安装目录

(6)　单击 Next 按钮，进入 Pre-Installation Summary 界面。该界面显示了安装信息，用户可确认这些信息是否正确，如果需要修改，可单击 Previous 按钮返回上一步进行修改，如图 1-24 所示。

图 1-24　确认安装信息

(7) 接下来单击 Install 按钮，开始安装 MyEclipse 插件。

(8) 安装结束后，将出现 Release Notes 界面，在该界面中选择 No - Do not open the release notes 单选按钮，即不显示版本信息。也可以选择 Yes - Open the release notes 单选按钮，来显示版本信息。

(9) 单击 Next 按钮，出现 Install Complete 界面，在该界面中单击 Done 按钮，完成 MyEclipse 的安装。

3．Eclipse 的使用

(1) Eclipse 的快捷键。Eclipse 开发工具的常用快捷键如表 1-1 所示。

表 1-1　Eclipse 的快捷键

名　称	功　能
F3	跳转到类或变量的声明
Alt + /	代码提示
Alt + 上下方向键	将选中的一行或多行向上或向下移动
Alt + 左右方向键	跳到前一次或后一次的编辑位置，在代码跟踪时用得比较多
Ctrl + /	注释或取消注释
Ctrl + D	删除光标所在行的代码
Ctrl + K	将光标停留在变量上，按 Ctrl + K 键可查找下一个同样的变量
Ctrl + O	打开视图的小窗口
Ctrl + W	关闭单个窗口
Ctrl + 鼠标单击	可以跟踪方法和类的源码
Ctrl + 鼠标停留	可以显示方法和类的源码
Ctrl + M	将当前视图最大化
Ctrl + Q	回到最后编辑的位置
Ctrl + F6	切换窗口
Ctrl + Shift + F	代码格式化(如果将代码进行部分选择)
Ctrl + Shift + O	快速地导入类的路径
Ctrl + Shift + X	将所选字符转为大写
Ctrl + Shift + Y	将所选字符转为小写
Ctrl + Shift + /	注释代码块
Ctrl + Shift + \	取消注释代码块
Ctrl + Shift + M	导入未引用的包
Ctrl + Shift + D	在 debug 模式里显示变量值
Ctrl + Shift + T	查找工程中的类
Ctrl + Alt + Down	复制光标所在行至其下一行
双击左括号 (小括号、中括号、大括号)	将选择括号内的所有内容

(2) 集成 Eclipse 与 Tomcat。为了提高开发效率，需要将 Tomcat 服务器配置到 Eclipse 中，为 Web 项目指定一台应用服务器。然后即可在 Eclipse 中操作 Tomcat 并自动部署和运行 Web 项目。操作步骤如下。

在 Eclipse 的菜单栏中选择"窗口"→"首选项"命令，弹出 Eclipse 的"首选项"界面，如图 1-25 所示。

选择 Server(服务器)→Runtime Environment(运行时环境)选项，如图 1-26 所示。

图 1-25　集成 Eclipse 与 Tomcat

图 1-26　添加运行服务器

单击 Add 按钮添加 Tomcat 服务器，弹出新建服务器运行时对话框，如图 1-27 所示。

选择 Apache→Apache Tomcat v6.0 选项，单击"下一步"按钮，进入指定安装目录界面，如图 1-28 所示。单击 Browse 按钮，进入"浏览文件夹"界面。

图 1-27　选择运行服务器

图 1-28　指定运行服务器的安装目录

选择 Tomcat 目录后，单击"指定安装目录"界面中的"完成"按钮。

(3) 为 Eclipse 指定 Web 浏览器。在默认情况下，Eclipse 在工作台中使用系统默认的 Web 浏览器浏览网页。但在开发过程中，这样有些不方便，通常会为其指定一个浏览器，并在 Eclipse 的外部打开，具体步骤如下。

选择 Eclipse 界面窗口中的"窗口"→"首选项"菜单命令，在弹出的对话框中依次选择"常规"→"Web 浏览器"选项，如图 1-29 所示。

图 1-29 "首选项"对话框

选择"使用外部 Web 浏览器"单选按钮和 Internet Explorer 复选框，然后单击"确定"按钮。

(4) 指定 JSP 页面的编码格式。默认情况下，在 Eclipse 中创建 JSP 页面时为 ISO-8859-1 编码格式。此格式不支持中文字符集，所以需要指定一个支持中文的字符集。

选择 Eclipse 界面中的"窗口"→"首选项"菜单命令，在弹出的对话框中，依次选择 Web→JSP Files 选项。在第二个下拉列表框中选择 ISO 10646/Unicode(UTF-8)，然后单击"确定"按钮，如图 1-30 所示。

图 1-30 JSP 页面编码的选择

1.5　实训一：JSP 实验环境配置及 JSP 页面测试

1. JDK 的安装、配置与测试

在完成安装后，需要对 JDK 进行环境配置并测试，才能够保证安装的 JDK 正常使用。下面具体介绍配置和测试的过程。

(1) 右击"我的电脑"图标，在弹出的快捷菜单中选择"属性"命令，在弹出的对话框中选择"高级"选项卡，在"高级"选项卡中单击"环境变量"按钮，将会弹出"环境变量"对话框。在"系统变量"下方单击"新建"按钮，在弹出的"新建系统变量"对话框中，新建变量名为 JAVA_HOME，变量值为 JDK 所在的路径，设定完成后，单击"确定"按钮。再新建一个变量名为 CLASSPATH，变量值为".;%JAVA_HOME%\lib"(一个点和一个分号都不能少)，在"系统变量"中再找到 Path 这个变量，单击"编辑"按钮(变量值不能删)，在变量值的最后先写一个分号";"，然后加上"%JAVA_HOME%\bin"，单击"确定"按钮，完成配置。

(2) 配置完成后，选择"开始"→"运行"选项，在弹出的对话框中输入"cmd"命令，进入 DOS 界面，输入"javac"命令，如果没有出现关于文件错误的提示信息，JDK 就配置成功了。

2. Tomcat 安装、配置与测试

如果应用平台为 Windows，安装之前必须完成上述 JDK 的安装，Tomcat 安装文件可从 http://tomcat.apache.org 免费下载。具体安装步骤参照本章的相关内容。

完成安装后，需要对 Tomcat 进行环境配置并检测，才能保证安装的 JDK 正常使用。

下面具体介绍配置和检测的步骤。

(1) 添加 PATH、JAVA_HOME 和 CLASSPATH 三个环境变量，方法与 JDK 环境变量的配置方法相同。

(2) 配置完成后，选择"开始"→"程序"→"Monitor Tomcat"启动 Tomcat。然后打开浏览器，在地址栏中输入"http://localhost:8080"或者"http://127.0.0.1:8080"，来测试 Tomcat 是否安装成功。

3. JSP 页面测试

JSP 开发环境安装完成后，需要编写一个 JSP 程序来测试它们工作是否正常，是否能够解释 JSP 代码。使用 Windows 自带的"记事本"编写 JSP 页面测试程序。

(1) 用"记事本"编辑一个如下所示的 JSP 程序，并保存为 test.jsp：

```
<%@ page contentType="text/html;charset=UTF-8"%>
<HTML>
<HEAD><TITLE>JSP 页面测试! </TITLE></HEAD>
<BODY>
<% out.println("Hello World~~~"); %>
</BODY>
</HTML>
```

(2) 在 Tomcat 服务器中测试 JSP 程序的方法如下。

① 进入 Tomcat 的安装目录下的 webapps 文件夹，找到 ROOT 文件夹，将 test.jsp 复制到该文件夹内。

② 启动 Tomcat 服务器后，在浏览器的地址栏中输入"http://localhost:8080/test.jsp"，出现如图 1-31 所示的界面效果，说明 JSP 开发环境安装配置成功。

图 1-31　运行 JSP 页面测试程序

4．创建一个 JSP 网站

创建一个 JSP 网站，在页面中输出文字"第一个 JSP 程序！"，具体操作步骤如下。

(1) 启动 Eclipse，并选择一个工作空间，进入 Eclipse 的工作台界面。

(2) 选择"文件"→"新建"→"Dynamic Web Project"菜单命令，将打开新建动态 Web 项目的对话框，在该对话框的 Project name 文本框中输入项目名称为"FirstJSP"，在 Dynamic web module version 下拉列表框中选择 2.5；在 Configuration 下拉列表框中选择已经配置好的 Tomcat 服务器，如图 1-32 所示。

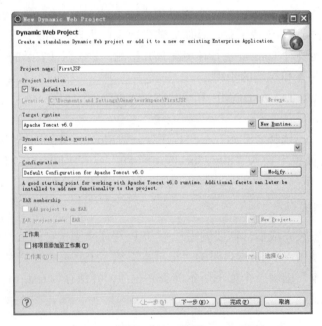

图 1-32　使用 Eclipse 新建 Web 项目

单击"下一步"按钮，将进入配置 Java 应用的界面，再单击"下一步"按钮，将进入如图 1-33 所示的配置 Web 模块设置界面。

单击"完成"按钮，完成 FirstJSP 项目的创建。

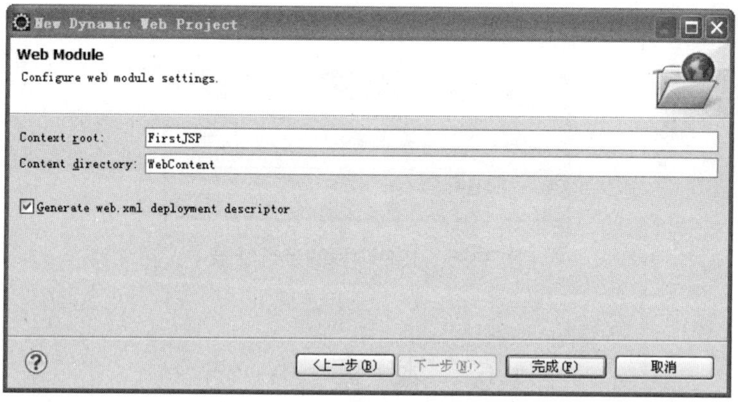

图 1-33　配置 Web 模块设置界面

在 Eclipse 的"项目管理器"中，选择 FirstJSP 节点下的 WebContent 节点，单击鼠标右键，在弹出的快捷菜单中，选择"新建"→"JSP File"命令，弹出 New JSP File 对话框，在该对话框的"文件名"文本框中输入"index.jsp"，如图 1-34 所示。

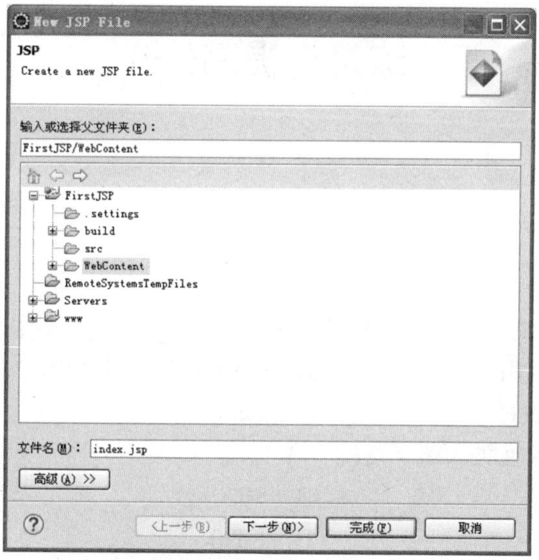

图 1-34　为新建的 JSP 页面命名

代码如下：

```
<%@ page contentType="text/html;charset=UTF-8"%>
<!Doctype HTML>
<html>
   <head>
      <title>我的第一个 JSP 项目</title>
   </head>
   <body>
      第一个 JSP 程序！
   </body>
</html>
```

运行结果如图 1-35 所示。

图 1-35　JSP 项目的运行结果

1.6　本章小结

本章分析了 JSP 与 HTML 语言、Java 应用程序、Java Applet 程序、JavaScript 语言以及 Servlet 技术之间的关系；讲解了 JSP 的特点及运行原理、如何配置、如何使用 JSP 运行环境；详细讲解并演示了 JDK、Tomcat 的安装、配置、检验及运行的具体步骤；最后通过 JSP 实验环境配置及 JSP 页面测试实训内容，强化练习了如何配置、使用 JSP 运行环境。

练习与提高(一)

1．选择题

(1) 搭建 JSP 运行环境所必需的软件是(　　)。

A. Dreamweaver　　　　　　B. JCreator

C. Flash　　　　　　　　　　D. Tomcat

(2) 安装完 JSP 环境后，用户需要设置系统变量，下列不属于变量名的是(　　)。

A. JAVA_HOME　　　　　　B. CATALINA_BASE

C. CLASSPATH　　　　　　D. Path

(3) Tomcat 服务器的默认端口是(　　)。

A. 80　　　　　　　　　　　B. 8070

C. 8080　　　　　　　　　　D. 8090

(4) 在 JDK 的工具包中，用来编译 Java 源文件的工具是(　　)。

A. javac　　　　　　　　　　B. javap

C. java　　　　　　　　　　D. javah

(5) Tomcat 安装完成后，可以通过(　　)方式测试是否安装成功。

A. http://127.0.0.1/　　　　B. http://127.0.0.1:80/

C. http://localhost/　　　　D. http://localhost:8080/

2．填空题

(1) JSP 把＿＿＿＿＿＿作为默认的脚本语言。

(2) JDK 在 JSP 环境中的作用是＿＿＿＿＿＿。

(3) Tomcat 在 JSP 环境中的作用是＿＿＿＿＿＿。

3. 简答题

(1) 简述 JSP 的工作原理及特点。

(2) 简述 JSP 与 Java Servlet 的关系。

(3) 简述下载、安装、配置 JDK 的过程。

(4) 简述下载、安装、配置 Tomcat 的过程。

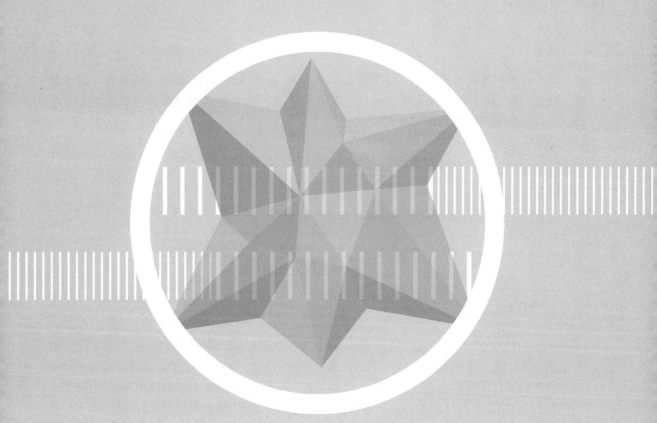

第 2 章

JSP 基础知识

本章要点

本章介绍网页制作基础语言 HTML，以及 JSP 基本语法知识、JSP 页面运行及调试方法，还有 JSP 程序开发模式等。通过对本章的学习，读者可以做出网页与程序交互的界面，也能了解 JSP 程序的运行原理。

学习目标

1. 掌握 HTML 基础。
2. 掌握 JSP 基本语法。
3. 掌握 JSP 运行调试时常见的出错信息及处理。

2.1 HTML 基础

2.1.1 HTML 概述

HTML(Hypertext Marked Language，超文本标记语言)是一种用来制作超文本文档的简单标记语言。超文本传输协议规定了浏览器在运行 HTML 文档时所遵循的规则和进行的操作。协议的制订使浏览器在运行超文本时有了统一的规则和标准。用 HTML 编写的超文本文档称为 HTML 文档，而能独立于各种操作系统平台。自 1990 年以来，HTML 就一直被用作 WWW(World Wide Web，万维网)的信息表示语言，使用 HTML 语言描述的文件，需要通过 Web 浏览器显示出效果。

所谓超文本，是因为它可以加入图片、声音、动画、影视等内容。事实上，每一个 HTML 文档都是一种静态的网页文件，这个文件里面包含了 HTML 指令代码，这些指令代码并不是一种程序语言，它只是一种确定网页中资料排版显示方式的标记语言，易学易懂、非常简单。HTML 的普遍应用带来了超文本技术，即通过单击鼠标，可以从一个主题跳转到另一个主题，从一个页面跳转到另一个页面，实现与世界各地主机的文件链接。

HTML 的一些应用如下所示。

(1) 通过 HTML，可以表现出丰富多彩的设计风格。
- 图片调用：<IMG SRC="文件名">
- 文字格式：<FONT SIZE="5" COLOR="#00FFFF">文字</FONT>

(2) 通过 HTML 可以实现页面之间的跳转。
- 页面跳转：<A HREF="文件路径/文件名"></A>

(3) 通过 HTML 可以展现多媒体的效果。
- 音频：<EMBED SRC="音乐地址" AUTOSTART=true>
- 视频：<EMBED SRC="视频地址" AUTOSTART=true>

由此可以看到 HTML 超文本文件中需要用到的一些标记。在 HTML 中，每个用作标记的符号都是一条命令，它告诉浏览器如何显示文本。这些标记均由"<"和">"符号以及一个字符串组成。而浏览器的功能，是对这些标记进行解释，以显示出文字、图像、动画，播放声音或视频。这些标记符号以"<标记名 属性>"的格式来表示。

HTML 只是一个纯文本文件。创建一个 HTML 文档时，只需要两个工具，一个是 HTML 编辑器，一个 Web 浏览器。HTML 编辑器是用于生成和保存 HTML 文档的应用程序。Web 浏览器是用来打开 Web 网页文件，让我们可以查看 Web 资源的客户端程序。

2.1.2　HTML 文件的结构

元素是 HTML 语言的基本成分。元素大部分是成对出现的，即有开始标记和结束标记。元素的标记要用一对尖括号括起来，并且结束标记的形式总是在开始标记前加一个斜杠，如开始标记为<body>，结束标记为</body>。但也有一些标记只要求使用单一的标记符号，如
。

HTML 文件的基本结构如下：

```
<HTML>
<HEAD>
    头部信息
</HEAD>
<BODY>
    正文
</BODY>
</HTML>
```

2.1.3　HTML 的基本元素与属性

1. HEAD 元素

HEAD 元素出现在文档的开头部分。<HEAD>与</HEAD>之间的内容不会在浏览器的文档窗口中显示，但是其间的元素具有特殊重要的意义。

头部标记内容如表 2-1 所示。

表 2-1　头部标记的内容

头部元素	描　　述
<META>	关于文档本身的信息
<TITLE>	文档的标题信息
<BASE>	文档的 URL
<BASEFONT>	设定基准的文字字体、字号和颜色
<LINK>	设定外部文件的链接
<SCRIPT>	设定文档中的脚本程序
<STYLE>	设置 CSS 样式表的内容

2. BODY 元素

BODY 元素是 HTML 文档的主体部分。在<BODY>与</BODY>之间，放置的是页面显示的所有内容，BODY 元素会有很多的内置属性，这些属性可以规定 HTML 文档主

体部分的显示特征。

BODY 元素的属性如表 2-2 所示。

表 2-2　BODY 元素的属性

属　　性	描　　述
Bgcolor	设置网页的背景颜色
Background	设置网页的背景图片
Text	设置网页文字的颜色
Link	设置网页未访问过的链接颜色
Alink	设置网页链接正在被单击时的颜色
Vlink	设置网页链接访问过后的颜色
Topmargin	设置网页的上边框
Leftmargin	设置网页的左边框
Marginwidth	设置网页的空白宽度
Marginheight	设置网页的空白高度

【例 2-1】演示如何使用 HTML 头元素和主体元素：

```html
<html>
    <head>
        <title>我是标题！</title>
    </head>
    <body>
        我是主体！
    </body>
</html>
```

运行结果如图 2-1 所示。

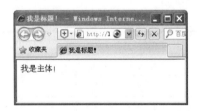

图 2-1　使用 HTML 头元素和主体元素

2.1.4　表格

表格是由<table>标记来定义的。每个表格均有若干行，由<tr>标记定义，每行被分割为若干单元格，由<td>标记定义。

字母 td 指表格数据(table data)，即数据单元格的内容。数据单元格可以包含文本、图片、列表、段落、表单、水平线、表格等。

表格的基本结构如下：

```
<table>定义表格
    <tr>
        <th>定义表头</th>
    </tr>
    <tr>定义表行
        <td>定义单元格</td>
    </tr>
</table>
```

表格的属性如表 2-3 所示。

表 2-3　表格的属性

属　　性	描　　述
Width	指定表格或某一个表格单元格的宽度，单位可以是%或者像素
Height	指定表格或某一个表格单元格的高度，单位可以是%或者像素
Border	表格边框的粗细
Bgcolor	指定表格或某一个单元格的背景颜色
Background	指定表格或某一个单元格的背景图片。其属性指向一个 URL 地址
Bordercolor	指定表格或某一个单元格的边框颜色
Bordercolorlight	表格亮边框的颜色
Bordercolordark	表格暗边框的颜色
Align	指定表格或某一个单元格中内容的对齐方式
Cellspacing	单元格的间距
Cellpadding	单元格的边距

【例 2-2】在 HTML 文档中定义学生成绩表：

```
<!DOCTYPE HTML>
<html>
<head>
<meta charset="utf-8">
<title>表格示例</title>
</head>
<body>
<table width="300" height="150" border="1" align="center">
    <caption>学生考试成绩单</caption>
    <tr>
        <td align="center" valign="middle">姓名</td>
        <td align="center" valign="middle">语文</td>
        <td align="center" valign="middle">数学</td>
        <td align="center" valign="middle">英语</td>
    </tr>
    <tr>
        <td align="center" valign="middle">琦琦</td>
        <td align="center" valign="middle">89</td>
        <td align="center" valign="middle">92</td>
        <td align="center" valign="middle">97</td>
```

```
    </tr>
    <tr>
        <td align="center" valign="middle">宁宁</td>
        <td align="center" valign="middle">93</td>
        <td align="center" valign="middle">86</td>
        <td align="center" valign="middle">80</td>
    </tr>
    <tr>
        <td align="center" valign="middle">婷婷</td>
        <td align="center" valign="middle">85</td>
        <td align="center" valign="middle">86</td>
        <td align="center" valign="middle">90</td>
    </tr>
</table>
</body>
</html>
```

运行结果如图 2-2 所示。

图 2-2　在 HTML 中显示学生成绩单

2.1.5　表单

HTML 表单用于搜集不同类型的用户输入。

表单是一个包含表单元素的区域。表单元素(例如文本框、下拉列表、单选按钮、复选框等)是允许用户在表单中输入信息的元素。

表单使用表单标记<FORM>来定义。

表单的结构如下:

```
<FORM 属性="属性值">
    <INPUT NAME="输入域名称" TYPE="输入域类型"
    ...
</FORM>
```

FORM 元素的属性如表 2-4 所示。表单标记如表 2-5 所示。

多数情况下,被用到的表单标记是输入标记<INPUT>。输入类型是由类型属性 TYPE 定义的。常用到的输入类型有文本域 TEXT、密码域 PASSWORD、按钮 BUTTON、单选按钮 RADIO、复选框 CHECKBOX、提交按钮 SUBMIT、重置按钮 RESET。

表 2-4　FORM 元素的属性

属　　性	描　　述
Name	表单的名称
Action	用来定义表单处理程序的位置(相对地址或绝对地址)
Method	定义表单的提交方式：GET、POST
Enctype	定义表单内容的编码方式
Target	定义返回信息的显示方式

注意：GET 有数据量限制，POST 无以上限制，以文件形式传输。

表 2-5　表单标记

标　　记	描　　述
<form>	定义供用户输入的表单
<input>	定义输入域
<textarea>	定义文本域(一个多行的输入控件)
<label>	定义一个控件的标签
<fieldset>	定义域
<legend>	定义域的标题
<select>	定义一个选择列表
<optgroup>	定义选项组
<option>	定义下拉列表中的选项
<button>	定义一个按钮

【例 2-3】使用表单的文本域：

```
<form>
    First name:
    <input type="text" name="firstname" />
    <br />
    Last name:
    <input type="text" name="lastname" />
</form>
```

运行结果如图 2-3 所示。

【例 2-4】使用表单的单选按钮：

```
<form>
    <input type="radio" name="sex" value="male" /> Male
    <br />
    <input type="radio" name="sex" value="female" /> Female
</form>
```

运行结果如图 2-4 所示。

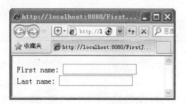

图 2-3　表单的文本域

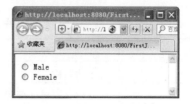

图 2-4　表单的单选按钮

【例 2-5】使用表单的动作属性(action)：

```
<form name="input" action="html_form_action.asp" method="get">
    Username:
    <input type="text" name="user" />
    <input type="submit" value="Submit" />
</form>
```

运行结果如图 2-5 所示。

图 2-5　使用表单的动作属性

2.2　JSP 脚本标识

2.2.1　声明

在 JSP 页面中可以声明变量、方法和类，其声明格式为：

```
<%!声明变量、方法和类的代码 %>
```

特别要注意，在"<%"与"!"之间不要有空格。声明的语法与在 Java 语言中声明变量和方法时的语法是一样的。

1．声明变量

在"<%!"和"%>"标记之间声明变量，即在"<%!"和"%>"之间放置 Java 的变量声明语句。变量的类型可以是 Java 语言允许的任何数据类型。我们将这些变量称为 JSP 页面的成员变量。

【例 2-6】声明变量：

```
<%!
int x, y=100, z;
String tom=null, jery="Love JSP";
Date date;
%>
```

　　这里，"<%!"和"%>"之间声明的变量在整个 JSP 页面内都有效，因为 JSP 引擎将
JSP 页面转译成 Java 文件时，将这些变量作为类的成员变量，这些变量的内存空间直到服
务器关闭才被释放。当多个客户请求一个 JSP 页面时，JSP 引擎为每个客户启动一个线
程，这些线程由 JSP 引擎服务器来管理。这些线程共享 JSP 页面的成员变量，因此任何一
个用户对 JSP 页面成员变量操作的结果，都会影响到其他用户。

2．方法声明

　　在"<%!"和"%>"标记之间声明方法，其方法在整个 JSP 页面有效，但是，方法内
定义的变量只在方法内有效。

　　【例 2-7】声明方法：

```
<%@ page contentType="text/html; charset=utf-8" %>
<%!
int num = 0;                        //声明一个计数变量
synchronized void add() {           //该方法实现访问次数的累加操作
    num++;
}
%>
<% add(); %>
<html>
    <body><center>您是第<%=num%>位访问该页面的游客！</center></body>
</html>
```

运行结果如图 2-6 所示。

图 2-6　使用方法的声明

　　示例中声明了一个 num 变量和 add()方法。add()方法对 num 变量进行累加操作，
synchronized 修饰符可以使多个同时访问 add()方法的线程排队进行调用。

　　当第一个用户访问该页面后，变量 num 被初始化，服务器执行<% add(); %>小脚本程
序，从而 add()方法被调用，num 变为 1。当第二个用户访问时，变量 num 不再被重新初始
化，而使用前一个用户访问后 num 的值，之后调用 add()方法，num 值变为 2。

3．声明类

　　可以在"<%!"和"%>"之间声明一个类。该类在 JSP 页面内有效，即在 JSP 页面的
Java 程序段部分可以使用该类创建对象。下例中，定义了一个 Circle 类，该类的对象负责
求圆的面积。当客户向服务器提交圆的半径后，该对象计算圆的面积。

　　【例 2-8】使用类的声明：

```
<%@ page contentType="text/html; charset=utf-8"%>
<HTML>
```

```
<BODY>
<FONT size="4">
<p>请输入圆的半径: <BR>
<FORM action="" method=get name=form>
    <INPUT type="text" name="cat" value="1">
    <INPUT TYPE="submit" value="送出" name=submit>
</FORM>
<%!
public class Circle
{
    double r;
    Circle(double r)
    {
        this.r = r;
    }
    double 求面积()
    {
        return Math.PI*r*r;
    }
}
%>
<%
String str = request.getParameter("cat");
double r;
if(str != null)
{
    r = Double.parseDouble(str);
}
else
{
    r = 1;
}
Circle circle = new Circle(r);
%>
<p>圆的面积是: <%=circle.求面积()%>
</FONT>
</BODY>
</HTML>
```

运行结果如图 2-7 所示。

图 2-7 使用类声明

2.2.2　代码段

JSP 允许在"<%"和"%>"之间插入 Java 程序段。一个 JSP 页面可以有许多程序段，这些程序段将被 JSP 引擎按顺序执行。

在一个程序段中声明的变量叫作 JSP 页面的局部变量，它们在 JSP 页面内的相关程序段以及表达式内都有效。这是因为 JSP 引擎将 JSP 页面转译成 Java 文件时，将各个程序段的这些变量作为类中某个方法的变量，即局部变量。

利用程序段的这个性质，有时可以将一个程序段分割成几个更小的程序段，然后在这些小的程序段之间再插入 JSP 页面的一些其他标记元素。

当程序段被调用执行时，这些变量被分配内存空间，当所有的程序段调用完毕后，这些变量即可释放所占的内存。

当多个客户请求一个 JSP 页面时，JSP 引擎为每个客户启动一个线程，一个客户的局部变量和另一个客户的局部变量被分配不同的内存空间。因此，一个客户对 JSP 页面局部变量操作的结果，不会影响到其他客户的这个局部变量。

【例2-9】下面的程序段可以计算 1 到 100 的和：

```
<%@ page contentType="text/html; charset=utf-8"%>
<HTML>
<BODY>
<FONT size="10">
<%!
long continueSum(int n)
{
    int sum = 0;
    for(int i=1; i<=n; i++)
    {
        sum = sum + i;
    }
    return sum;
}
%>

<p> 1 到 100 的连续和:
<br>
<%
long sum;
sum = continueSum(100);
out.print(" " + sum);
%>

</FONT>
</BODY>
</HTML>
```

运行结果如图 2-8 所示。

图 2-8　在 JSP 中使用 Java 代码段

2.2.3　表达式

表达式用于向页面中输出信息，其使用格式为：

```
<%=变量或可以返回值的方法或 Java 表达式 %>
```

特别要注意，"<%"与"="之间不要有空格。

JSP 表达式在页面被转换为 Servlet 后，变成了 out.print()方法。所以，JSP 表达式与 JSP 页面中嵌入到小脚本程序中的 out.print()方法实现的功能相同。如果通过 JSP 表达式输出一个对象，则该对象的 toString()方法会被自动调用，表达式将输出 toString()方法返回的内容。

JSP 表达式可以应用到以下几种情况。

(1) 向页面输出内容，例如下面的代码。

【例 2-10】向页面输出内容：

```
<% String name = "www.xxx.com"; %>
用户名：<%=name%>
```

上述代码将生成如下运行结果：

```
用户名：www.xxx.com
```

(2) 生成动态的链接地址，例如下面的代码。

【例 2-11】生成动态的链接地址：

```
<% String path = "welcome.jsp"; %>
<a href="<%=path%>">链接到 welcome.jsp</a>
```

上述代码将生成如下的 HTML 代码：

```
<a href="welcome.jsp">链接到 welcome.jsp</a>
```

(3) 动态指定 Form 表单处理页面，例如下面的代码。

【例 2-12】动态指定 Form 表单处理页面：

```
<% String name = "logon.jsp"; %>
<form action="<%=name%>"></form>
```

上述代码将生成如下 HTML 代码：

```
<form action="logon.jsp"></form>
```

(4) 为通过循环语句生成的元素命名，例如下面的代码。

【例 2-13】为通过循环语句生成的元素命名：

```
<%
for(int i=1; i<3; i++) {
%>
    file<%=i%>:<input type="text" name="<%="file"+i%>"><br>
<%
}
%>
```

上述代码将生成如下 HTML 代码：

```
file1:<input type="text" name="file1"><br>
file2:<input type="text" name="file2"><br>
```

2.2.4　注释

在 JSP 页面中可以使用多种注释，如 HTML 中的注释、Java 中的注释和在严格意义说属于 JSP 页面自己的注释——带有 JSP 表达式和隐藏的注释。在 JSP 规范中，它们都属于 JSP 中的注释，并且它们的语法规则和运行的效果有所不同。本小节将向读者介绍 JSP 中的各种注释。

(1)　HTML 中的注释。JSP 文件是由 HTML 标记和嵌入的 Java 程序段组成的，所以在 HTML 中的注释同样可以在 JSP 文件中使用。注释格式如下：

```
<!--注释内容-->
```

【例 2-14】HTML 中的注释：

```
<!--欢迎提示信息!-->
<table><tr><td>欢迎访问! </td></tr></table>
```

使用该方法注释的内容在客户端浏览器中是看不到的，但可以通过查看 HTML 源代码看到这些注释内容。

访问该页面后，将会在客户端浏览器中输出以下内容：

```
欢迎访问!
```

通过查看 HTML 源代码，将会看到如下内容：

```
<!--欢迎提示信息! -->
<table><tr><td>欢迎访问! </td><tr></table>
```

(2)　带有 JSP 表达式的注释。在 HTML 注释中可以嵌入 JSP 表达式，注释格式如下：

```
<!--comment<%=expression %>-->
```

包含该注释语句的 JSP 页面被请求后，服务器能够识别注释中的 JSP 表达式，从而来执行该表达式，而对注释中的其他内容不做任何操作。

当服务器将执行结果返回给客户端后，客户端浏览器会识别该注释语句，所以被注释的内容不会显示在浏览器中。

【例 2-15】使用带有 JSP 表达式的注释:

```
<% String name="YXQ"; %>
<!--当前用户: <%=name%>-->
<table><tr><td>欢迎登录: <%=name%></td></tr></table>
```

访问该页面后，将会在客户端浏览器中输出以下内容:

```
欢迎登录: YXQ
```

通过查看 HTML 源代码，将会看到以下内容:

```
<!--当前用户: <%=name%>-->
<table><tr><td>欢迎登录: YXQ</td></tr></table>
```

(3) 隐藏注释。前面已经介绍了如何使用 HTML 中的注释，这种注释虽然在客户端浏览页面时不会看见，但它却存在于源代码中，可通过在客户端查看源代码看到被注释的内容。所以严格来说，这种注释并不安全。这里将介绍一种隐藏注释，注释格式如下:

```
<%--注释内容--%>
```

用该方法注释的内容，不仅在客户端浏览时看不到，而且即使在客户端查看 HTML 源代码，也不会看到，所以安全性较高。

【例 2-16】使用隐藏注释:

```
<%--获取当前时间--%>
<table>
<tr><td>当前时间为: <%=(new java.util.Date()).toLocaleString()%></td></tr>
</table>
```

访问该页面后，将会在客户端浏览器中输出以下内容:

```
当前时间为: 2015-12-20  13:37:30
```

通过查看 HTML 源代码，将会看到以下内容:

```
<table>
    <tr><td>当前时间为: 2015-12-20 13:37:30</td></tr>
</table>
```

(4) 脚本程序(Scriptlet)中的注释。在脚本程序中所包含的是一段 Java 代码，所以在脚本程序中的注释与在 Java 中的注释是相同的。

脚本程序中包括下面 3 种注释方法。

① 单行注释。

单行注释的格式如下:

```
//注释内容
```

该方法进行单行注释，符号“//”后面的所有内容为注释的内容，服务器对该内容不进行任何操作。因为脚本程序在客户端通过查看源代码是不可见的，所以在脚本程序中通过该方法被注释的内容也是不可见的，并且在后面将要提到的通过多行注释和提示文档进行注释的内容都是不可见的。

【**例 2-17**】在 JSP 文件中包含以下代码：

```
<%
int count = 1;  //定义一个计数变量
%>
计数变量 count 的当前值为: <%=count%>
```

访问该页面后，将会在客户端浏览器中输出以下内容：

```
计数变量 count 的当前值为: 1
```

通过查看 HTML 源代码，将会看到以下内容：

```
计数变量 count 的当前值为: 1
```

因为服务器不会对注释的内容进行处理，所以可以通过该注释来暂时地删除某一行代码。例如下面的代码。

【**例 2-18**】使用单行注释暂时删除一行代码：

```
<%
String name = "YXQ";
//name = "YXQ2015";
%>
用户名: <%=name%>
```

包含上述代码的 JSP 文件被执行后，将输出如下结果：

```
用户名: YXQ
```

② 多行注释。

多行注释是通过"/*"与"*/"符号进行标记的，它们必须成对出现，在它们之间输入的注释内容可以换行。注释格式如下：

```
/*
注释内容 1
注释内容 2
*/
```

为了程序界面的美观，开发员习惯上在每行的注释内容前面加入一个"*"号，构成如下所示的注释格式：

```
/*
 * 注释内容 1
 * 注释内容 2
 */
```

与单行注释一样，在"/*"与"*/"之间被注释的所有内容，即使是 JSP 表达式或其他的脚本程序，服务器都不会做任何处理，并且多行注释的开始标记和结束标记可以不在同一个脚本程序中同时出现。

【**例 2-19**】在 JSP 文件中包含以下代码：

```
<%@ page contentType="text/html;charset=UTF-8"%>
<%
```

```
   String state = "0";
   /* if(state.equals("0")) {    //equals()方法用来判断两个对象是否相等
        state = "版主";
%>
        将变量 state 赋值为"版主"。<br>
<%
   }
   */
%>
变量 state 的值为: <%=state%>
```

包含上述代码的 JSP 文件被执行后，将输出如图 2-9 所示的结果。

若去掉代码中的"/*"和"*/"符号，则将输出如图 2-10 所示的结果。

图 2-9　多行注释(一)

图 2-10　多行注释(二)

③　文档注释。

该种注释会被 Javadoc 文档工具在生成文档时读取，文档是对代码结构和功能的描述。注释格式如下：

```
/**
   提示信息 1
   提示信息 2
*/
```

该注释方法与上面介绍的多行注释很相似，但细心的读者会发现，它是以"/**"符号作为注释的开始标记，而不是"/*"。与多行注释一样，对于被注释的所有内容，服务器都不会做任何处理。

【例 2-20】在 Eclipse 开发工具中，向创建的 JSP 文件输入下面的代码：

```
<%!
   int i = 0;
   /**
      @作者: YXQ
      @功能: 该方法用来实现一个简单的计数器
   */
   synchronized void add() {
      i++;
   }
%>
<% add(); %>
当前访问次数: <%=i%>
```

将鼠标指针移动到<% add(); %>代码上，将出现如图 2-11 所示的提示信息。

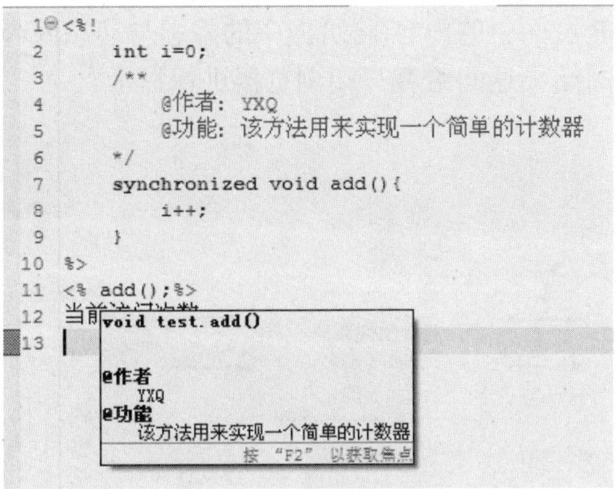

图 2-11　提示文档注释

2.3　JSP 程序开发模式

2.3.1　单纯的 JSP 编程

在该模式下，通过应用 JSP 中的脚本标志，可直接在 JSP 页面中实现各种功能。虽然这种模式很容易实现，但是，其缺点也非常明显。因为将大部分的 Java 代码与 HTML 代码混淆在一起，会给程序的维护和调试带来很多困难，而且难于理清完整的程序结构。

这就好比规划管理一个大的企业，如果将负责不同任务的所有员工都安排在一起工作，势必会造成公司秩序混乱、不易管理等许多的隐患。所以说，单纯的 JSP 页面编程模式是无法应用到大型、中型甚至小型的 JSP Web 应用程序开发中的。

2.3.2　JSP+JavaBean 编程

该模式是 JSP 程序开发经典设计模式之一，适合小型或中型网站的开发。

利用 JavaBean 技术，可以很容易地完成一些业务逻辑上的操作，例如数据库的连接、用户登录与注销等。JavaBean 是一个遵循了一定规则的 Java 类，在程序的开发中，将要进行的业务逻辑封装到这个类中，在 JSP 页面中，通过动作标签来调用这个类，从而执行这个业务逻辑。此时的 JSP 除了负责部分流程的控制外，大部分用来进行页面的显示，而 JavaBean 则负责业务逻辑的处理。可以看出，该模式具有一个比较清晰的程序结构，在 JSP 技术的起步阶段，JSP+JavaBean 设计模式曾被广泛应用。

图 2-12 表示了该模式对客户端的请求进行处理的过程，相关的说明如下。

(1) 用户通过客户端浏览器请求服务器。

(2) 服务器接收用户请求后调用 JSP 页面。

(3) 在 JSP 页面中调用 JavaBean。

(4) 在 JavaBean 中连接及操作数据库，或实现其他业务逻辑。

(5) JavaBean 将执行的结果返回 JSP 页面。

(6) 服务器读取 JSP 页面中的内容(将页面中的静态与动态内容相结合)。

(7) 服务器将最终的结果返回给客户端浏览器进行显示。

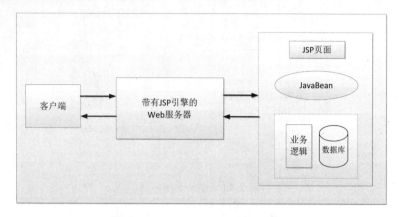

图 2-12　JSP+JavaBean 设计模式

2.3.3　JSP+JavaBean+Servlet 编程

JSP+JavaBean 设计模式虽然已经对网站的业务逻辑和显示页面进行了分离，但这种模式下的 JSP 不但要进行程序中大部分的流程控制，而且还要负责页面的显示，所以仍然不是一种理想的设计模式。

在 JSP+JavaBean 设计模式的基础上加入 Servlet 来实现程序中的控制层，是一个很好的选择。在这种模式中，由 Servlet 来执行业务逻辑并负责程序的流程控制，JavaBean 组件实现业务逻辑，充当着模型的角色，JSP 用于页面的显示。可以看出，这种模式使得程序中的层次关系更明显，各组件的分工也非常明确。图 2-13 表示了该模式对客户端的请求进行处理的过程。

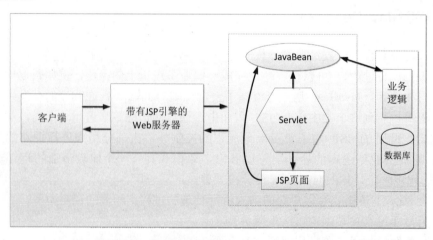

图 2-13　JSP+JavaBean+Servlet 设计模式

图 2-13 所示的模式中，各步骤的说明如下。

(1) 用户通过客户端浏览器请求服务器。

(2) 服务器接收用户请求后调用 Servlet。

(3) Servlet 根据用户请求调用 JavaBean 处理业务。

(4) 在 JavaBean 中连接及操作数据库，或实现其他业务逻辑。

(5) JavaBean 将结果返回 Servlet，在 Servlet 中将结果保存到请求对象中。

(6) 由 Servlet 转发请求到 JSP 页面。

(7) 服务器读取 JSP 页面中的内容(将页面中的静态内容与动态内容结合)。

(8) 服务器将最终的结果返回给客户端浏览器进行显示。

但 JSP+JavaBean+Servlet 模式同样也存在缺点。该模式遵循了 MVC 设计模式，MVC 只是一个抽象的设计概念，它将待开发的应用程序分解为三个独立的部分：模型(Model)、视图(View)和控制器(Controller)。虽然用来实现 MVC 设计模式的技术可能都是相同的，但各公司都有自己的 MVC 架构。也就是说，这些公司用来实现自己的 MVC 架构所应用的技术可能都是 JSP、Servlet 与 JavaBean，但它们的流程及设计却是不同的，所以工程师需要花更多的时间去了解。从项目开发的观点上来说，因为需要设计 MVC 各对象之间的数据交换格式与方法，所以会需要花费更多的时间在系统的设计上。

使用 JSP+JavaBean+Servlet 模式进行项目开发时，可以选择一个实现了 MVC 模式的现成的框架，在此框架下进行开发，能够大大节省开发时间，会取得事半功倍的效果。目前，已有很多可以使用的现成的 MVC 框架，例如 Struts 框架。

2.3.4　MVC 模式

MVC(Model-View-Controller，模型-视图-控制器)是一种程序设计概念，它同时适用于简单的和复杂的程序。使用该模式，可将待开发的应用程序分解为 3 个独立的部分：模型、视图和控制器。

提出这种设计模式主要是因为应用程序中用来完成任务的代码(模型，也称为"业务逻辑")通常是程序中相对稳定的部分，并且会被重复使用，而程序与用户进行交互的页面(视图)，却是经常改变的。如果因需要更新页面而不得不对业务逻辑代码进行改动，或者要在不同的模块中应用到相同的功能时重复地编写业务逻辑代码，不仅会降低整体程序开发的进程，而且会使程序变得难以维护。因此，将业务逻辑代码与外观呈现分离，将会更容易地根据需求的改变来改进程序。MVC 模式的模型如图 2-14 所示。

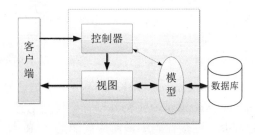

图 2-14　MVC 模式的模型

Model(模型)：MVC 模式中的 Model(模型)指的是业务逻辑的代码，是应用程序中真正用来完成任务的部分。

View(视图)：视图实际上就是程序与用户进行交互的界面，用户可以看到它的存在。视图可以具备一定的功能，并应遵守对其所做的约束。在视图中，不应包含对数据处理的代码，即业务逻辑代码。

Controller(控制器)：控制器主要用于控制用户请求并做出响应。它根据用户的请求，选择模型或修改模型，并决定返回怎样的视图。

2.4　运行 JSP 时常见的出错信息及处理

(1)　页面显示 500 错误，错误信息为：

```
An error occurred at line: 6 in the generated java file
Syntax error on token ";", import expected after this token
```

错误原因见如下代码：

```
<%@ page langue="java" import="java.utli.*; java.text,*"
 pageEncoding="GBK">
```

此处，import 中的分隔符应该是逗号，不能用分号。

(2)　页面显示 500 错误，错误信息：

```
org.apache.jasper.JasperException: Unable to compile class for JSP:
An error occurred at line: 6 in the generated Java file
Syntax error on tokens, delete these tokens
```

此类信息都是页面的编写出现了语法错误。

例如，指令中出现了错误字符，或者使用了错误的属性名，或者有错误的属性值。

(3)　页面显示 500 错误，错误信息：

```
org.apache.jasper.JasperException: /index.jsp(1,1) Unterminated &lt;
%@ page tag
```

该信息告诉用户：指令标签有错误。

(4)　页面显示中文为乱码。例如：

```
???????JSP??---?????
```

原因见如下代码：

```
<%@ page language="java" contentType="text/html, charset=GBK"
 import="java.util.*, java.text.* " pageEncoding="GBK"%>
```

这里，contentType="text/html, charset=GBK"分隔符用的是逗号，而此处只能用分号。

(5)　错误：ClassNotFoundException。代表类没有被找到的异常。

原因：通常是出现在 JDBC 连接代码中，对应的驱动 JAR 包没有导入，或 sqljdbc.jar 对应的 Class.forName(类名)中的类名写错了。

(6)　错误信息：主机 TCP/IP 连接失败。

原因：SQL Server 配置管理器中，未将对应的 SQL Server 服务的 TCP/IP 协议启用。

或 SQL Server 服务器没有开启服务；或连接字符串中的 localhost 写错了；或启用的服务是开发版的 SQL Server，即启用了 SQL Express 服务；或端口号写成了 localhost:8080。

(7)　出错信息：数据库连接失败。

①　检查 JAR 包导入。

②　检查连接字符串和驱动类字符串(要避免使用 SQL Server 2000 的连接字符串)，例如"databasename=数据库名"写成了"datebasename=数据库名"，或"localhost:1433"写成了"localhost:8080"。

2.5　实训二：简单 JSP 页面的运行及调试

本实训只包含一个 index.jsp 页面。在该页面中，首先获取当前用户的访问时间，然后再对获取的时间进行分析，最后根据分析结果向页面中输出指定的信息。图 2-15 所示为实例的运行结果。

图 2-15　实例的运行结果

这是一个动态的 Web 应用，因为程序会根据当前用户的访问时间来显示对应的消息，但这仍然是事先人为地编写出各种情况，然后由计算机来根据条件进行判断和选择。

(1)　创建一个名为 SecondJSP 的 Web 项目。

(2)　创建了项目后，在目录下新建一个 index.jsp 页面文件，并对该文件进行如下编码：

```jsp
<%@ page contentType="text/html;charset=UTF-8"%>
<%@ page import="java.util.Date,java.text.*"%>

<%
//获取当前日期
Date nowday = new Date();

//获取日期中的小时
int hour = nowday.getHours();

//定义和使用日期格式化对象
SimpleDateFormat format = new SimpleDateFormat("yyyy-MM-dd HH:mm:ss");
String time = format.format(nowday);
%>
```

```html
<html>
<head>
    <title>第二个 JSP 应用</title>
</head>
<body>
<center>
<table width="300" border="1">
    <tr height="30">
        <td align="center">温馨提示！</td>
    </tr>
    <tr height="80">
        <td align="center">现在时间为：<%=time%></td>
    </tr>
    <tr height="70">
        <td align="center">
        <!-- 以下为嵌入到 HTML 中的 Java 代码，用来生成动态的内容 -->
<%
        if(hour>=24 && hour<5)
            out.print("现在是凌晨！时间还很早，再睡会吧！");
        else if(hour>=5 && hour<10)
            out.print("早上好！新的一天即将开始，您准备好了吗？");
        else if(hour>=10 && hour<13)
            out.print("午休时间！正午好时光！");
        else if(hour>=13 && hour<18)
            out.print("下午继续努力工作吧！");
        else if(hour>=18 && hour<21)
            out.print("晚上好！自由时间！");
        else if(hour>=21 && hour<24)
            out.print("已经是深夜，注意休息！");
%>
        </td>
    </tr>
</table>
</center>
</body>
</html>
```

从上述代码中可以很直观地看出，JSP 页面是由 HTML 代码、JSP 元素和嵌入到 HTML 代码中的 Java 代码构成的。当用户请求该页面时，服务器就加载该页面，并且会执行页面中的 JSP 元素和 Java 代码。最后将执行的结果与 HTML 代码一起返回给客户端，由客户端浏览器进行显示。

2.6 本 章 小 结

本章首先介绍了 HTML 语言中文件的结构、基本结构中所包含的元素和对应的元素属性等相关知识；对 JSP 语法知识进行了基本的讲解；给出了 JSP 运行调试时常见的出错信息及处理意见；最后通过实训，强化练习了 JSP 页面运行及调试的具体过程。

练习与提高(二)

1. 选择题

(1) 标记<%　%>中的内容是(　　)。

　　A. script 脚本　　　　　　　　B. JSP 程序片段

　　C. JSP 声明　　　　　　　　　D. JSP 表达式

(2) 下列不属于表单组件的是(　　)。

　　A. 选项列表　　　　　　　　　B. 表格

　　C. 按钮　　　　　　　　　　　D. 文本域

(3) 在 HTML 标记中的注释方式是(　　)。

　　A. <!-- 注释内容 -->　　　　　B. //注释内容

　　C. /* 注释内容 */　　　　　　 D. /** 注释内容 **/

(4) JSP 隐藏注释(　　)。

　　A. 浏览器端可见、服务器端可见

　　B. 浏览器端不可见、服务器端可见

　　C. 浏览器端可见、服务器端不可见

　　D. 浏览器端不可见、服务器端不可见

(5) 在定义表格时,用于对表格进行行设置的标记是(　　)。

　　A. <td>　　　　　　　　　　　B. <th>

　　C. <tr>　　　　　　　　　　　D. <tb>

(6) 能在浏览器的地址栏中看到提交数据的表单的提交方式是(　　)。

　　A. submit　　　　　　　　　　B. get

　　C. post　　　　　　　　　　　D. out

2. 填空题

(1) 在 JSP 中,函数的定义必须放在＿＿＿＿＿＿中,关键字＿＿＿＿＿＿用于从函数中进行返回。

(2) <th>和<td>标记的＿＿＿＿＿＿属性可用于设置跨行单元格,＿＿＿＿＿＿属性可用于设置跨列单元格。

(3) ＿＿＿＿＿＿是一切网页实现的基础。

(4) 表单标记中的＿＿＿＿＿＿属性用于指定处理表单数据程序的 URL 地址。

3. 简答题

(1) JSP 文件中包含哪几种注释,它们之间的区别是什么?

(2) 一个 JSP 页面可由哪些元素组成?

4. 实训题

(1) 编写 HTML 文件,实现 3 秒钟自动跳转到哈尔滨金融学院网站的首页。

(2) 制作如图 2-16 所示的注册页面。

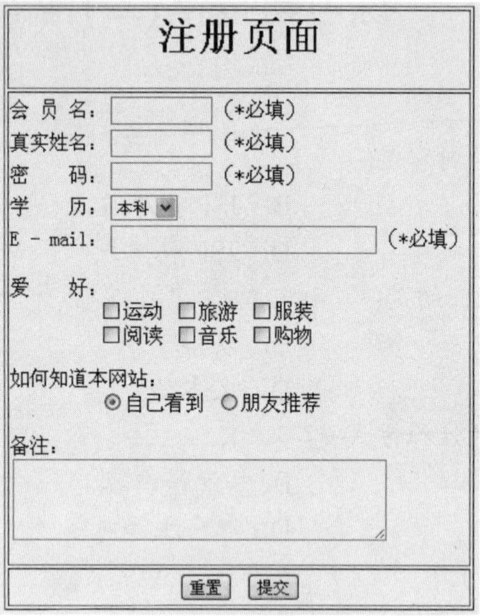

注册页面
会 员 名：
(*必填)
真实姓名：
(*必填)
密 码：
(*必填)
学 历：
本科
E - mail：
(*必填)
爱 好：
运动 旅游 服装
阅读 音乐 购物
如何知道本网站：
自己看到 朋友推荐
备注：
重置 提交

图 2-16 注册页面

(3) 制作如图 2-17 所示的网页设计大赛登记表。

网页设计大赛登记表
报名号
01
性别
女
姓名
江小丽
推荐单位
上海创世公司

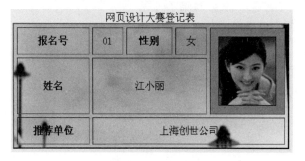

图 2-17 网页设计大赛登记表页面

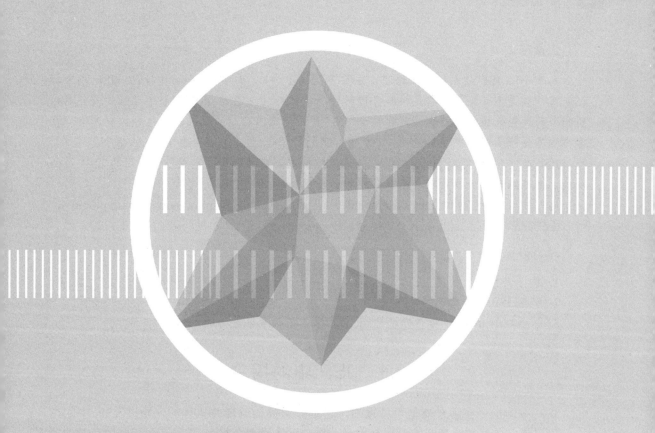

第 3 章

JSP 中的指令和动作

本章要点

本章介绍 JSP 技术的基本语法，主要包括 JSP 中的指令标记和动作标记。JSP 指令标记在客户端是不可见的，它是被服务器解释并被执行的。通过 JSP 指令，可以使服务器按照指令的设置来执行动作和设置在整个 JSP 页面范围内有效的属性，不包含控制逻辑，在客户端不会产生任何可见的输出。JSP 中常用的指令包括 page 指令和 include 指令。

JSP 动作利用 XML 语法格式的标记来控制服务器的行为，完成各种通用的 JSP 页面功能，也可以实现一些处理复杂业务逻辑的专用功能。

JSP 中常用的动作包括<jsp:include>、<jsp:param>、<jsp:forward>、<jsp:plugin>、<jsp:useBean>、<jsp:setProperty>、<jsp:getProperty>。

学习目标

1. 掌握 JSP 指令的使用。
2. 掌握 JSP 动作标记的使用。
3. 深刻理解 include 动作标记与 include 指令在包含文件时的区别。

3.1　JSP 中的指令

JSP 中的指令在客户端是不可见的，它是被服务器解释并执行的。通过 JSP 中的指令，可以使服务器按照指令的设置来执行动作，以及设置在整个 JSP 页面范围内有效的属性，不包含控制逻辑，在客户端不会产生任何可见的输出。在一个指令中可以设置多个属性，这些属性的设置可以影响到整个页面。指令通常以"<%@"标记开始，以"%>"标记结束，其用法如下：

```
<%@ 指令名称 属性1="属性值1" 属性2="属性值2" ... 属性n="属性值n" %>
```

📖 **说明：**

① <、%和@之间，以及%和>之间，都不能有任何空格。

② 属性名大小写是敏感的。

JSP 中主要包含三个指令：page、include 和 taglib。其中，使用最多的是 page 指令和 include 指令。

3.1.1　page 指令

page 指令即页面指令，可以定义在整个 JSP 页面范围内有效的属性和相关的功能。利用 page 指令，可以指定脚本语言，导入需要的类，指明输出内容的类型，指定处理异常的错误页面，以及指定页面输出缓存的大小等，并且一次可以设置多个属性。

page 指令具有的属性如下：

```
<%@ page
[language="java"]
```

```
[contentType="mimeType;charset=CHARSET"]
[import="{package .class | package.*},..."]
[info="text"]
[extends="package.class"]
[session="true|false"]
[errorPage="relativeURL"]
[isErrorPage="true|false"]
[buffer="none|8kb|size kb"]
[autoFlush="true|false"]
[isThreadSafe="true|false"]
[isELIgnored="true|false"]
[pageEncoding="CHARSET"]
%>
```

📖 说明：

① 语法格式说明中的"["和"]"符号括起来的内容表示是可选项。

② page 指令可以放在 JSP 文件的任何地方，它的作用范围都是整个页面，但好的编程习惯一般把它放在文件的顶部。

③ 可以在一个页面上使用多个 page 指令，但是，其中的属性只能使用一次(import 属性除外)。

面对 page 指令所具有的如此众多的属性，在实际编程时，程序员并不需要一一列出。其中很多属性可以忽略，此时，page 指令将使用这些属性的默认值来设置 JSP 页面。下面分别介绍 page 指令的 13 个属性。

(1) language 属性：设置当前页面中编写 JSP 脚本时所使用的语言，默认值为 java。例如：

```
<%@ page language="java" %>
```

目前只可以使用 Java 语言，不过，不排除未来会增加其他语言。

(2) contentType 属性：设置发送到客户端文档响应报头的 MIME(Multipurpose Internet Mail Extention)类型和字符编码。多个值之间使用分号分开。contentType 属性在前面的例子中也使用过，其用法如下：

```
<%@ page contentType="MIME 类型; charset=字符编码" %>
```

MIME 类型通常被设置为 text/html，如果该属性设置不正确，如设置为 text/css，则客户端浏览器显示 HTML 样式时，不能对 HTML 标识进行解释，而直接显示 HTML 代码。

在 JSP 页面中，默认情况下设置的字符编码为 ISO-8859-1，即 contentType="text/html; charset=ISO-8859-1"。但一般情况下，我们都将该属性设置为：

```
contentType="text/html; charset=gb2312"
```

此语句设置 MIME 类型为 text/html，网页所用字符集为简体中文(国标码 gb2312)。

(3) import 属性：用来导入程序中要用到的包或类，可以有多个值，无论是 Java 核心包中自带的类还是用户自行编写的类，都要在 import 中引入。import 属性的用法如下：

```
<%@ page import="包名.类名" %>
```

如果想要导入包里的全部类，可以这样使用：

```
<%@ page import="包名.*" %>
```

在 page 指令中，可多次使用该属性来导入多个类。例如：

```
<%@ page import="包名.类1" %>
<%@ page import="包名.类2" %>
```

或者通过逗号间隔来导入多个类：

```
<%@ page import="包名.类1,包名.类2" %>
```

在 JSP 中，已经默认导入了以下包：

```
java.lang.*
javax.servlet.*
javax.servlet.jsp.*
javax.servlet.http.*
```

所以，即使没有通过 import 属性进行导入，在 JSP 页面中也可以调用上述包中的类。

【例 3-1】显示欢迎信息和用户登录的日期时间。

本例通过导入 java.util.Date 类来显示当前的日期时间。具体步骤如下。

① 创建 3-1.jsp 页面，使用 page 指令的 import 属性将 java.util.Date 类导入，然后向用户显示欢迎信息，并把当前日期时间显示出来。具体代码如下：

```
<%@ page import="java.util.Date" language="java" contentType="text/html;
  charset=gb2312"%>
<html>
<body>
您好，欢迎光临本站！<br/>
您登录的时间是<%=new Date() %>
</body>
</html>
```

② 运行该页面，结果如图 3-1 所示。

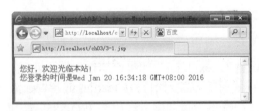

图 3-1 显示欢迎信息和用户登录的日期时间

(4) info 属性：设置 JSP 页面的相关信息，如当前页面的作者、编写时间等。此值可设置为任意字符串，由 Servlet.getServletInfo()方法来获取所设置的值。

【例 3-2】设置并显示 JSP 页面的作者等相关信息。

本例通过 page 指令的 info 属性来设置页面的相关信息，并通过 Servlet.getServletInfo()方法来获取所设置的值。具体步骤如下。

① 创建 3-2.jsp 页面，使用 page 指令的 info 属性设置页面的作者、版本以及编写时间等。具体代码如下：

```
<%@ page contentType="text/html;charset=gb2312" %>
<%@ page info="作者：FreshAir<br/>版本：V1.0<br/>编写时间：2016 年 1 月 21 日
  星期四<br/>敬请关注，谢谢！" %>
<html>
<body>
<%
    String str = this.getServletInfo();
    out.print(str);
%>
</body>
</html>
```

② 运行该页面，结果如图 3-2 所示。

图 3-2　设置并显示 JSP 页面的作者等相关信息

(5) extends 属性：指定将一个 JSP 页面转换为 Servlet 后继承的类。在 JSP 中，通常不会设置该属性，JSP 容器会提供继承的父类。并且，如果设置了该属性，一些改动会影响 JSP 的编译能力。

(6) session 属性：表示当前页面是否支持 session，如果为 false，则在 JSP 页面中不能使用 session 对象以及 scope=session 的 JavaBean 或 EJB。该属性的默认值为 true。

(7) errorPage 属性：用于指定一个 JSP 文件的相对路径，在页面出错时，将转到这个 JSP 文件来进行处理。与此相适应，需要将这个 JSP 文件的 isErrorPage 属性设为 true。

当 errorPage 属性被设置后，JSP 网页中的异常仍然会产生，只不过此时捕捉到的异常将不由当前网页进行处理，而是由 errorPage 属性所指定的网页去进行处理。如果该属性值设置的是以 "/" 开头的路径，则错误处理页面在当前应用程序的根目录下；否则在当前页面所在的目录下。

(8) isErrorPage 属性：指示一个页面是否为错误处理页面。设置为 true 时，在这个 JSP 页面中的内置对象 exception 将被定义，其值将被设定为调用此页面的 JSP 页面的错误对象，以处理该页面所产生的错误。

isErrorPage 属性的默认值为 false，此时将不能使用内置对象 exception 来处理异常，否则将产生编译错误。

例如，在发生异常的页面上，有如下用法：

```
<%@ page errorPage="error.jsp" %>
```

用上面的代码，就可以指明当该 JSP 页面出现异常时，跳转到 error.jsp 去处理异常。而在 error.jsp 中，需要使用下面的语句来说明可以进行错误处理：

```
<%@ page isErrorPage="true" %>
```

【例 3-3】页面出现异常的处理。

本例通过 page 指令的 errorPage 和 isErrorPage 两个属性来演示当页面出现异常时应如何处理。具体步骤如下。

① 创建 3-3.jsp 页面，使用 page 指令的 errorPage 属性指定页面出现异常时所转向的页面。具体代码如下：

```
<%@ page contentType="text/html; charset=gb2312"
 errorPage="3-3error.jsp"%>
<html>
<body>
<%
    //此页面如果发生异常，将向 3-3error.jsp 抛出异常，并令其进行处理
    int x1 = 5;
    int x2 = 0;
    int x3 = x1 / x2;
    out.print(x3);
%>
</body>
</html>
```

该程序非常简单，执行的是除法运算，如果除数为 0，将会抛出一个数学运算异常，从 errorPage="3-3error.jsp"可以看出，程序指定了 3-3error.jsp 来为其处理异常。

② 创建 3-3error.jsp 页面，使用 page 指令的 isErrorPage 属性指定为出错页面，此页面可以使用 exception 异常对象处理错误信息。具体代码如下：

```
<%@ page contentType="text/html; charset=gb2312" isErrorPage="true"%>
<html>
<body>
出现错误，错误如下: <br/>
<hr>
<%=exception.getMessage()%>
</body>
</html>
```

③ 运行 3-3.jsp，结果如图 3-3 所示。

图 3-3 页面出现异常的处理

💡 **注意**：　为了确保当页面出错时跳转到 errorPage 所指的页面，需要打开 IE 浏览器，选择"工具"→"Internet 选项"菜单命令，在弹出的对话框中选择"高级"选项卡，取消选中"显示友好 HTTP 错误信息"复选框。

(9) buffer 属性：内置输出流对象 out 负责将服务器的某些信息或运行结果发送到客户端显示，buffer 属性用来指定 out 缓冲区的大小。其值可以有 none、8KB 或是给定的 KB 值，值为 none 表示没有缓存，直接输出至客户端的浏览器中；如果将该属性指定为数值，则输出缓冲区的大小不应小于该值，默认为 8KB(因不同的服务器而不同，但大多数情况下都为 8KB)。

(10) autoFlush 属性：当缓冲区满时，是否自动刷新缓冲区。默认值为 true，表示当缓冲区已满时，自动将其中的内容输出到客户端。如果设为 false，则当缓冲区满时会出现 JSP Buffer overflow 溢出异常。

💡 **注意**：　当 buffer 属性的值设为 none 时，autoFlush 属性的值就不能设为 false。

(11) isThreadSafe 属性：设置 JSP 页面是否可以多线程访问。默认值为 true，表示当前 JSP 页面被转换为 Servlet 后，会以多线程的方式来处理来自多个用户的请求；如果设为 false，则转换后的 Servlet 会实现 SingleThreadMode 接口，并且将以单线程的方式来处理用户请求。

(12) pageEncoding 属性：设置 JSP 页面字符的编码，常见的编码类型有 ISO-8859-1、gb2312 和 GBK 等。默认值为 ISO-8859-1。其用法如下：

```
<%@ page pageEncoding="字符编码" %>
```

例如：

```
<%@ page pageEncoding="gb2312" %>
```

这表示网页使用了 gb2312 编码，与 contentType 属性中的字符编码设置作用相同。

(13) isELIgnored 属性：其值可设置为 true 或 false，表示是否在此 JSP 网页中执行或忽略表达式语言${}。设为 true 时，JSP 容器将忽略表达式语言。

3.1.2　include 指令

include 指令用于通知 JSP 引擎在翻译当前 JSP 页面时将其他文件中的内容合并进当前 JSP 页面转换成的 Servlet 源文件中，这种在源文件级别进行引入的方式，称为静态引入，当前 JSP 页面与静态引入的文件紧密结合为一个 Servlet。这些文件可以是 JSP 页面、HTML 页面、文本文件或是一段 Java 代码。其语法格式如下：

```
<%@ include file="relativeURL | absoluteURL" %>
```

说明如下。

(1) file 属性指定被包含的文件，不支持任何表达式，例如下面是错误的用法：

```
<% String f = "top.html"; %>
<%@ include file="<%=f %>" %>
```

（2）不可以在 file 所指定的文件后接任何参数，如下用法也是错误的：

```
<%@ include file = "top.jsp?name=zyf" %>
```

（3）如果 file 属性值以"/"开头，将在当前应用程序的根目录下查找文件；如果是以文件名或文件夹名开头，将在当前页面所在的目录下查找文件。

【例3-4】包含页头和页尾信息的页面布局示例。

① 创建 top.jsp 页面，显示页头部分的信息，为了简便，在该文件中只是加入一幅图片，具体代码如下：

```
<%@ page contentType="text/html; charset=gb2312"%>
<center>
<img src="bannar.JPG">
</center>
```

② 创建 bottom.jsp 页面，显示页尾部分的信息，同样也是加入一幅图片，具体代码如下：

```
<%@ page contentType="text/html; charset=gb2312"%>
<center>
<img src="end.JPG">
</center>
```

③ 建立主页面 3-4.jsp，使用 include 指令包含以上两个页面，具体代码如下：

```
<%@ page language="java" contentType="text/html; charset=gb2312"%>
<html>
<body>
   <table>
      <tr><td><%@ include file="top.jsp" %></td></tr>
      <tr><td height=200>这里是内容显示区</td></tr>
      <tr><td><%@ include file="bottom.jsp" %></td></tr>
   </table>
</body>
</html>
```

本例将以上 3 个文件和其中的两幅图片放在同一目录下，所以，在包含页头和页尾两个文件和使用 img 标记加入图片时，可以直接使用文件名和图片名。

在实际应用中，将相同的页头和页尾作为单独文件存放，其他文件中只要将其包含进来即可，大大减少了程序编写和网页制作的工作量。其中页头和页尾也可用文本文件来实现，在后面章节的实例中可以看到。

④ 运行 3-4.jsp，运行结果如图 3-4 所示。

注意： 使用 include 指令是以静态方式包含文件，也就是说，被包含文件将会原封不动地插入到 JSP 文件中，因此，在所包含的文件中不能使用<html></html>、<body></body>标记，否则会导致与原有的 JSP 文件有相同标记而产生错误。另外，要注意原文件和被包含文件可以互相访问彼此定义的变量和方法，所以，要避免变量和方法在命名上冲突的问题。

图 3-4　包含页头和页尾信息的页面布局

【例 3-5】含有变量冲突的页面包含示例。

① 创建页面程序 pageInfo.jsp，其中定义了一个变量 info，具体程序代码如下：

```
<%@ page contentType="text/html; charset=gb2312"%>
<%
    String info = "欢迎访问哈尔滨金融学院计算机系！";
    out.print(info);
%>
```

② 创建主页面 3-5.jsp，把文件 pageInfo.jsp 包含进程序中，同时，又定义了一个相同名称的 info 变量，具体程序代码如下：

```
<%@ page language="java" contentType="text/html; charset=gb2312"%>
<html>
<body>
<%@ include file="pageInfo.jsp"%>
<%
    String info = "欢迎欢迎！";
    out.print(info);
%>
</body>
</html>
```

在该程序中，由于 include 指令在编译的时候就将对应的文件包含进来，等价于代码复制，相当于在一个文件中定义了两个相同的变量 info。因此，程序会报错。

③ 运行 3-5.jsp 程序，将会出现"Duplicate local variable info"这样的错误，如图 3-5 所示。

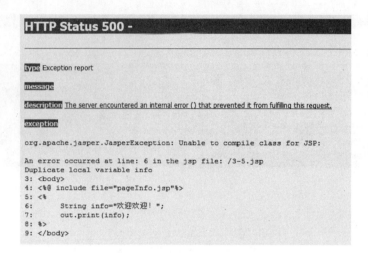

图 3-5　含有变量冲突的页面包含

3.2　JSP 中的动作

　　JSP 动作利用 XML 语法格式的标记来控制服务器的行为，完成各种通用的 JSP 页面功能，也可以实现一些处理复杂业务逻辑的专用功能。如利用 JSP 动作可以动态地插入文件、重用 JavaBean 组件、把用户重定向到另外的页面、为 Java 插件生成 HTML 代码。

　　JSP 动作与 JSP 指令的不同之处，是 JSP 页面被执行时首先进入翻译阶段，程序会先查找页面中的 JSP 指令标识，并将它们转换成 Servlet，所以，这些指令标识会首先被执行，从而设置了整个的 JSP 页面，所以，JSP 指令是在页面转换时期被编译执行的，且仅被编译一次。而 JSP 动作是在客户端请求时按照在页面中出现的顺序被执行的，只有它们被执行的时候才会去实现自己所具有的功能，且基本上是客户每请求一次，动作标识就会执行一次。

　　JSP 动作的通用格式如下：

<jsp:动作名 属性 1="属性值 1" ... 属性 n="属性值 n" />

　　或者：

<jsp:动作名 属性 1="属性值 1" ... 属性 n="属性值 n">相关内容</jsp:动作名>

　　JSP 中，常用的动作包括<jsp:include>、<jsp:param>、<jsp:forward>、<jsp:plugin>、<jsp:useBean>、<jsp:setProperty>、<jsp:getProperty>。

3.2.1　include 动作标记

　　<jsp:include>动作标记用于把另外一个文件的输出内容插入当前 JSP 页面的输出内容中，这种在 JSP 页面执行时引入的方式称为动态引入，这样，主页面程序与被包含文件是彼此独立的，互不影响。被包含的文件可以是一个动态文件(JSP 文件)，也可以是一个静态

文件(如文本文件)。

其语法格式如下：

```
<jsp:include page="relativeURL | <%= expression%>" />
```

说明：page 属性指定了被包含文件的路径，其值可以是一个代表了相对路径的表达式。当路径以"/"开头时，将在当前应用程序的根目录下查找文件；如果是以文件名或文件夹名开头，将在当前页面的目录下查找文件。书写此动作标记时，"jsp"和":"以及"include"三者之间不要留有空格，否则会出错。

<jsp:include>动作标记对包含的动态文件和静态文件的处理方式是不同的。如果包含的是一个静态文件，被包含文件的内容将直接嵌入到 JSP 文件中存放<jsp:include>动作的位置，而且当静态文件改变时，必须将 JSP 文件重新保存(重新转译)，然后才能访问到变化了的文件；如果包含的是一个动态文件，则由 Web 服务器负责执行，把执行后的结果传回包含它的 JSP 页面中，若动态文件被修改，则重新运行 JSP 文件时就会同步发生变化。

【例 3-6】在 JSP 文件中使用<jsp:include>动作标记包含静态文件。

①　创建静态文件 staFile.txt，输入以下代码：

```
<font color="blue" size="3">
<br>这是静态文件 staFile.txt 的内容！
</font>
```

②　创建主页面文件 3-6.jsp，具体代码如下：

```
<%@ page contentType="text/html;charset=gb2312" %>
<html>
<body>
使用&lt;jsp:include&gt;动作标记将静态文件包含到 JSP 文件中！
<hr/>
<jsp:include page="staFile.txt" />
</body>
</html>
```

③　运行 3-6.jsp，运行结果如图 3-6 所示。

图 3-6　使用<jsp:include>动作标记包含静态文件

要想在 JSP 文件中使用动作标记包含动态文件，可以通过修改例 3-4 中 include 指令为 include 动作来实现。

此外要注意，<jsp:include>动作与前面讲解的 include 指令作用类似，现将它们之间的差异总结如下。

 JSP 编程技术

1．属性不同

include 指令通过 file 属性来指定被包含的页面，该属性不支持任何表达式。如果在 file 属性值中应用了 JSP 表达式，会抛出异常。例如下面的代码：

```
<% String fpath="top.jsp"; %>
<%@ include file="<%=fpath%>" %>
```

该用法将会抛出如下异常：

```
File "/<%=fpath%>" not found
```

<jsp:include>动作是通过 page 属性来指定被包含页面的，该属性支持 JSP 表达式。

2．处理方式不同

使用 include 指令包含文件时，被包含文件的内容会原封不动地插入到包含页中使用该指令的位置，然后 JSP 编译器再对这个合成的文件进行翻译。所以最终编译后的文件只有一个。

而使用<jsp:include>动作包含文件时，只有当该标记被执行时，程序才会将请求转发到(注意是转发，而不是请求重定向)被包含的页面，再将其执行结果输出到浏览器中，然后重新返回到包含页来继续执行后面的代码。因为服务器执行的是两个文件，所以 JSP 编译器将对这两个文件分别进行编译。

3．包含方式不同

include 指令的包含过程为静态包含，因为在使用 include 指令包含文件时，服务器最终执行的是将两个文件合成后由 JSP 编译器编译成的一个 Class 文件，所以被包含文件的内容应是固定不变的，若改变了被包含的文件，则主文件的代码就发生了改变，因此服务器会重新编译主文件。

<jsp:include>动作的包含过程则为动态包含，通常被用来包含那些经常需要改动的文件。因为服务器执行的是两个文件，被包含文件的改动不会影响到主文件，因此服务器不会对主文件重新编译，而只须重新编译被包含的文件即可。并且对被包含文件的编译是在执行时才进行的，也就是说，只有当<jsp:include>动作被执行时，使用该标记包含的目标文件才会被编译，否则，被包含的文件不会被编译，这种包含过程就称为动态包含。

4．对被包含文件的约定不同

使用 include 指令包含文件时，因为 JSP 编译器是对主文件和被包含文件进行合成后再翻译，所以对被包含文件有约定，例如，被包含的文件中不能使用<html></html>、<body></body>标记；被包含文件要避免变量和方法在命名上与主文件冲突的问题。

提示： 如果在 JSP 页面中需要显示大量的文本文字，可以将文字写入静态文件中(如记事本)，然后通过 include 指令或动作标记包含进来，提高代码的可读性。

3.2.2　param 动作标记

当使用<jsp:include>动作标记引入的是一个能动态执行的程序时，例如 Servlet 或 JSP

页面，可以通过使用<jsp:param>动作标记向这个程序传递参数信息。

其语法格式如下：

```
<jsp:include page="relativeURL | <%=expression%>">
    <jsp:param name="pName1" value="pValue1 | <%= expression1 %>" />
    <jsp:param name="pName2" value="pValue2 | <%= expression2 %>" />
    ...
</jsp:include>
```

说明：　<jsp:param>动作的 name 属性用于指定参数名，value 属性用于指定参数值。在<jsp:include>动作标记中，可以使用多个<jsp:param>来传递参数。另外，<jsp:forward>和<jsp:plugin>动作标记中都可以利用<jsp:param>传递参数，后面的章节中将会介绍。

【例 3-7】使用<jsp:param>动作标记向被包含文件传递参数。

① 创建主页面 3-7.jsp，用<jsp:include>包含用于对三个数进行排序的页面 order.jsp，并且使用<jsp:param>向其传递 3 个参数。具体代码如下：

```
<%@ page contentType="text/html; charset=gb2312" %>
<html>
<head>
<title>param 动作标记应用示例</title>
</head>
<body>
使用&lt;jsp:include&gt;包含用于对三个数进行排序的页面 order.jsp, <br>
并利用&lt; jsp:param&gt;把待排序的三个数 8,3,5 传给 order.jsp 后, <br>
所得结果如下：
<hr/>
<jsp:include page="order.jsp">
    <jsp:param name="num1" value="8"/>
    <jsp:param name="num2" value="3"/>
    <jsp:param name="num3" value="5"/>
</jsp:include>
</body>
</html>
```

② 创建用于对三个数进行排序的页面 order.jsp，具体代码如下：

```
<%@ page contentType="text/html;charset=gb2312" %>
<html>
<head>
<title>param 动作标记应用示例</title>
</head>
<body>
<%
    String str1 = request.getParameter("num1"); //取得参数 num1 的值
    int m1 = Integer.parseInt(str1); //将字符串转换成整型
    String str2 = request.getParameter("num2"); //取得参数 num2 的值
    int m2 = Integer.parseInt(str2); //将字符串转换成整型
    String str3 = request.getParameter("num3"); //取得参数 num3 的值
```

```
int m3 = Integer.parseInt(str3); //将字符串转换成整型
int t;
if(m1 > m2)
{
    t = m1;
    m1 = m2;
    m2 = t;
}
if(m2 > m3)
{
    t = m2;
    m2 = m3;
    m3 = t;
}
if(m1 > m2)
{
    t = m1;
    m1 = m2;
    m2 = t;
}
%>
<font color="blue" size="4">
这三个数从小到大的顺序为：<%=m1%>、<%=m2%>、<%=m3%>
</body>
</html>
```

③ 运行 3-7.jsp，运行结果如图 3-7 所示。

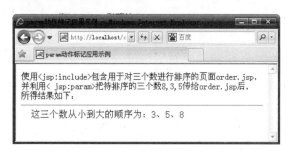

图 3-7 使用<jsp:param>动作标记向被包含文件传递参数

3.2.3 forward 动作标记

在大多数的网络应用程序中，都有这样的情况：在用户成功登录后转向欢迎页面，此处的"转向"，就是跳转。<jsp:forward>动作标记就可以实现页面的跳转，用来将请求转发到另外一个 JSP、HTML 或相关的资源文件中。当该标记被执行后，当前的页面将不再被执行，而是去执行该标记指定的目标页面，但是，用户此时在地址栏中看到的仍然是当前网页的地址，而内容却已经是转向的目标页面了。

其语法格式如下：

```
<jsp:forward page="relativeURL"|"<%=expression %>"/>
```

如果转向的目标是一个动态文件，还可以向该文件中传递参数，使用格式如下：

```
<jsp:forward page="relativeURL"|"<%=expression %>">
    <jsp:param name="pName1" value="pValue1 | <%=expression1 %>" />
    <jsp:param name="pName2" value="pValue2 | <%=expression2 %>" />
    ...
</jsp:forward>
```

说明如下。

(1)　page 属性用于指定要跳转到的目标文件的相对路径，它也可以通过执行一个表达式来获得。如果该值是以"/"开头，表示在当前应用的根目录下查找文件，否则，就在当前路径下查找目标文件。请求被转向到的目标文件必须是内部的资源，即当前应用中的资源。如果想通过 forward 动作转发到应用外部的文件中，将出现资源不存在的错误信息。

(2)　forward 动作执行后，当前页面将不再被执行，而是去执行指定的目标页面。

(3)　转向到的文件可以是 HTML 文件、JSP 文件、程序段，或者其他能够处理 request 对象的文件。

(4)　forward 动作实现的是请求的转发操作，而不是请求重定向。它们之间的一个区别就是：进行请求转发时，存储在 request 对象中的信息会被保留并被带到目标页面中；而请求重定向是重新生成一个 request 请求，然后将该请求重定向到指定的 URL，所以，事先存储在 request 对象中的信息都不存在了。

【例 3-8】使用<jsp: forward>动作标记实现网页跳转。

①　创建主页面 3-8.jsp，通过表单输入用户名和密码，单击"登录"按钮，利用<jsp:forward>动作标记跳转到页面 target.jsp。具体代码如下：

```
<%@ page contentType="text/html; charset=gb2312"%>
<html>
<body>
<form action="" method="post" name="Form1"> <!--提交给本页面处理-->
用户名: <input name="UserName" type="text"><br/>
密  码: <input name="UserPwd" type="text"><br/>
<input type="submit" value=" 登录 ">
</form>
<%
    //当单击"登录"按钮时，调用 Form1.submit()方法提交表单至本文件，
    //用户名和密码均不为空时，跳转到 target.jsp，并且把用户名和密码以参数形式传递
    String s1=null, s2=null;
    s1 = request.getParameter("UserName");
    s2 = request.getParameter("UserPwd");
    if(s1!=null && s2!=null)
    {
%>
    <jsp:forward page="target.jsp">
        <jsp:param name="Name" value="<%=s1%>"/>
        <jsp:param name="Pwd" value="<%=s2%>"/>
    </jsp:forward>
<%
    }
```

```
%>
</body>
</html>
```

② 创建所转向的目标文件 target.jsp，具体代码如下：

```
<%@ page contentType="text/html; charset=gb2312"%>
<html>
<body>
<%
String strName = request.getParameter("Name");
String strPwd = request.getParameter("Pwd");
out.println(strName + "您好，您的密码是：" + strPwd);
%>
```

③ 运行 3-8.jsp，结果如图 3-8 所示。

图 3-8 使用<jsp: forward>动作标记实现网页跳转

3.2.4 plugin 动作标记

<jsp:plugin>动作可以在页面中插入 Java Applet 小程序或 JavaBean，它们能够在客户端运行，但此时，需要在 IE 浏览器中安装 Java 插件。当 JSP 文件被编译，送往浏览器时，<jsp:plugin>动作将会根据浏览器的版本，替换成<object>或者<embed>页面 HTML 元素。注意，<object>用于 HTML 4.0，<embed>用于 HTML 3.2。

通常，<jsp:plugin>元素会指定对象是 Applet 还是 Bean，同样也会指定 class 的名字，还有位置。另外，还会指定将从哪里下载这个 Java 插件。该动作的语法格式如下：

```
<jsp:plugin
    type="bean|applet" code="classFileName"
    codebase="classFileDirectoryName"
    [name="instanceName"]
    [archive="URIToArchive, ..."]
    [align="bottom | top | middle | left | right"]
    [height="displayPixels"]
    [width="displayPixels"]
    [hspace="leftRightPixels"]
    [vspace="topBottomPixels"]
    [jreversion="JREVersionNumber|1.1"]
    [nspluginurl="URLToPlugin"]
    [iepluginurl="URLToPlugin"]
    [<jsp:params>
        <jsp:param name="parameterName"
        value="parameterValue | <%=expression %>"/>
```

```
     </jsp:params>]
   [<jsp:fallback> text message for user </jsp:fallback>]
</jsp:plugin>
```

下面通过表 3-1 对<jsp:plugin>动作中的各属性进行简要说明。

表 3-1　<jsp:plugin>动作的属性及说明

属　性	说　明
type	该属性指定所要加载的插件对象的类型，可选值为 bean 和 applet。注意此属性没有默认值，必须设置可选值中的一个，否则抛出异常
code	指定要加载的 Java 类文件的名称。 该名称可包含扩展名和类包名，如 com.applet.MyApplet.class
codebase	默认值为当前访问的 JSP 页面的路径，该属性用来指定 code 属性指定的 Java 类文件所在的路径
name	指定加载的 Applet 或 Bean 的名称
archive	指定预先加载的存档文件的路径，多个路径可用逗号进行分隔
align	指定所加载的插件对象在页面中显示时的对齐方式。 可选值为 bottom、top、middle、left 和 right
height 和 width	指定所加载的插件对象在页面中显示时的高度和宽度，单位为像素。 这两个属性值支持 JSP 表达式或 EL 表达式
hspace 和 vspace	指定所加载的 Applet 或 Bean 在屏幕或单元格中所留出的空间大小。 hspace 表示左右，vspace 表示上下，它们不支持任何表达式
jreversion	在浏览器中执行 Applet 或 Bean 时所需的 Java Runtime Environment(JRE)的版本，默认值为 1.1
nspluginurl 和 iepluginurl	分别指定 Netscape Navigator 用户和 Internet Explorer 用户能够使用的 JRE 的下载地址
<jsp:params>	在标记中可包含多个<jsp:param>标识，用来向 Applet 或 Bean 中传递参数
<jsp:fallback>	当 Java 插件不能启动时，显示给用户的提示信息。注意：若插件能够启动，但是 Applet 或 Bean 不能正常启动，浏览器则会弹出一个出错信息窗口

【例 3-9】使用<jsp:plugin>动作标记在 JSP 中加载 Java Applet 小程序。

① 创建 3-9.jsp 页面，使用<jsp:plugin>动作标记来加载：

```
<%@ page contentType="text/html;charset=GB2312" %>
<html><body>
加载 MyApplet.class 文件的结果如下：<hr/>
<jsp:plugin type="applet" code="MyApplet.class" codebase="."
 jreversion="1.2" width="400" height="80">
<jsp:fallback>
    加载 Java Applet 小程序失败！
</jsp:fallback>
</jsp:plugin>
</body></html>
```

② 其中插件所执行的类 MyApplet.class 的源文件为 MyApplet.java，其代码如下：

```
import java.applet.*;
import java.awt.*;

public class MyApplet extends Applet
{
    public void paint(Graphics g)
    {
        g.setColor(Color.red);
        g.drawString("你好！我就是 Applet 小程序！", 5, 10);
        g.setColor(Color.green);
        g.drawString("我是通过应用<jsp:plugin>动作标记", 5, 30);
        g.setColor(Color.blue);
        g.drawString("将 Applet 小程序嵌入到 JSP 文件中", 5, 50);
    }
}
```

将 3-9.jsp 及 MyApplet.java 文件经过 Java 编译器编译成功后，生成的 MyApplet.class 字节码文件都存放在 ch03 目录下。

重新启动 Tomcat 后，在 IE 浏览器的地址栏中输入：

```
http://localhost:8080/ch03/3-9.jsp
```

按 Enter 键后，若客户机上没有安装 JVM(Java 虚拟机)，将导致访问 Sun 公司的网站，并且弹出下载 Java plugin 的界面。

下载完毕，将会出现 Java plugin 插件的安装界面，可以按照向导提示，逐步完成安装过程。然后，就可以使用 JVM 而不是 IE 浏览器自带的 JVM 来加载执行 MyApplet.class 字节码文件了。最终的运行结果如图 3-9 所示。

图 3-9　使用<jsp:plugin>动作标记在 JSP 中加载 Java Applet 小程序

3.2.5　useBean 动作标记

<jsp:useBean>动作标记用来在 JSP 页面中创建 Bean 实例，并且通过设置相关属性，可以将该实例存储到指定的范围内。如果在指定的范围内已经存在了该 Bean 实例，那么将使用这个实例，而不会重新创建。

实际工程中，常用 JavaBean 做组件开发，而在 JSP 页面中，只需要声明并使用这个组件，较大程度地实现了静态内容和动态内容的分离。

声明一个 JavaBean 的语法格式如下:

```
<jsp:useBean id="变量名" scope="page|request|session|application"
  {
  type="数据类型"
   | class="package.className"
   | class="package.className" type="数据类型"
   | beanName="package.className" type="数据类型"
  }
/>
<jsp:setProperty name="变量名" property="*"/>
```

也可以在标记体内嵌入子标记,例如:

```
<jsp:useBean id="变量名" scope="page|request|session|application" ...>
  <jsp:setProperty name="变量名" property="*" />
</jsp:useBean>
```

以上两种使用方法是有严格区别的,当在页面中使用<jsp:useBean>标记创建一个 Bean 时,对于第二种使用格式,如果该 Bean 是第一次被实例化,那么标记体内的内容会被执行;如果已经存在了指定的 Bean 实例,则标识体内的内容就不再被执行了。而对于第一种使用格式,无论在指定的范围内是否已经存在一个指定的 Bean 实例,<jsp:useBean>标记后面的内容都会被执行。

下面对<jsp:useBean>动作中各属性的用法进行详细介绍。

(1) id 属性:在 JSP 中给这个 Bean 实例取的名字,即指定一个变量,只要在它的有效范围内,均可使用这个名称来调用它。该变量必须符合 Java 中变量的命名规则。

(2) scope 属性:设置所创建 Bean 实例的有效范围,取值有 4 种:page、request、session、application。默认情况下取值为 page。

① 值为 page:在当前 JSP 页面及当前页面以 include 指令静态包含的页面中有效。

② 值为 request:在当前的客户请求范围内有效。在请求被转发至的目标页面中,如果要使用原页面中所创建的 Bean 实例,通过 request 对象的 getAttribute("id 属性值")方法来获取。一个请求的生命周期是从客户端向服务器发出请求开始,到服务器响应这个请求给用户后结束。所以请求结束后,存储在其中的 Bean 实例也就失效了。

③ 值为 session:对当前 HttpSession 内的所有页面都有效。当用户访问 Web 应用程序时,服务器为用户创建一个 session 对象,并通过 session 的 ID 值来区分不同的用户。针对某一个用户而言,在该范围中的对象可被多个页面共享。通过 session 对象的 getAttribute("id 属性值")方法获取存储在 session 中的 Bean 实例。

④ 值为 application:所有用户共享这个 Bean 实例。有效范围从服务器启动开始,到服务器关闭结束。application 对象是在服务器启动时创建的,它被多个用户共享。所以,访问该 application 对象的所有用户共享存储于该对象中的 Bean 实例。使用 application 对象的 getAttribute("id 属性值")方法获取存在于 application 对象中的 Bean 实例。

scope 之所以很重要,是因为<jsp:useBean>只有在不存在具有相同 id 和 scope 的对象时,才会实例化新的对象;如果已有 id 和 scope 都相同的对象,则直接使用已有的对象,此时,jsp:useBean 开始标记和结束标记之间的任何内容都将被忽略。

(3) type="数据类型"：设置由 id 属性指定的 Bean 实例的类型。该属性可指定要创建实例的类的本身、类的父类或者一个接口。

通过 type 属性设置 Bean 实例类型的格式如下：

```
<jsp:useBean id="stu" type="com.Bean.StudentInfo" scope="session" />
```

如果在 session 范围内，名为 stu 的实例已经存在，则将该实例转换为 type 属性指定的 StudentInfo 类型(此时的类型转换必须是合法的)并赋值给 id 属性指定的变量；若指定的实例不存在，将会抛出"bean stu not found within scope"异常。

(4) class="package.className"：该属性指定了一个完整的类名，其中，package 表示类包的名字，className 表示类的 class 文件名称。通过 class 属性指定的类不能是抽象的，它必须具有公共的、没有参数的构造方法。在没有设置 type 属性时，必须设置 class 属性。例如，通过 class 属性定位一个类的格式如下：

```
<jsp:useBean id="stu" class="com.Bean.StudentInfo" scope="session" />
```

程序首先会在 session 范围中来查找是否存在名为 stu 的 StudentInfo 类的实例，如果不存在，就会通过 new 操作符实例化 StudentInfo 类来获取一个实例，并以 stu 为实例名称，存储在 session 范围内。

(5) class="package.className" type="数据类型"：class 属性与 type 属性可以指定同一个类，这两个属性一起使用时的格式举例说明如下：

```
<jsp:useBean id="stu" class="com.Bean.StudentInfo" type="com.Bean.StudentBase"
  scope="session" />
```

假设 StudentBase 类为 StudentInfo 类的父类。执行到该标记时，首先，程序会创建一个以 id 属性值为名称的变量 stu，类型为 type 属性的值，并初始化为 null；然后在 session 范围内查找名为 stu 的 Bean 实例，如果存在，则将其转换为 type 属性指定的 StudentBase 类型(此时的类型转换必须是合法的)并赋值给变量 stu；如果实例不存在，则将通过 new 操作符来实例化一个 StudentInfo 类的实例，并赋值给变量 stu，最后将 stu 变量存储在 session 范围内。

(6) beanName="package.className" type="数据类型"：beanName 属性与 type 属性可以指定同一个类，这两个属性一起使用时的格式举例说明如下：

```
<jsp:useBean id="stu" beanName="com.Bean.StudentInfo"
  type="com.Bean.StudentBase" />
```

假设 StudentBase 类为 StudentInfo 类的父类。执行到该标记时，首先，程序会创建一个以 id 属性值为名称的变量 stu，类型为 type 属性的值，并初始化为 null；然后在 session 范围内查找名为 stu 的 Bean 实例，如果存在，则将其转换为 type 属性指定的 StudentBase 类型(此时的类型转换必须是合法的)并赋值给变量 stu；如果实例不存在，则将通过 instantiate()方法，从 StudentInfo 类中实例化一个类，并将其转换成 StudentBase 类型后赋值给变量 stu，最后将变量 stu 存储在 session 范围内。

一般情况下，使用如下格式来应用<jsp:useBean>标记：

```
<jsp:useBean id="变量名" class="package.className" />
```

如果多个页面中共享这个 Bean 实例，可将 scope 属性设置为 session。

使用<jsp:useBean>标记在页面中实例化 Bean 实例后，设置或修改该 Bean 中的属性就可以通过<jsp:setProperty>来完成；读取该 Bean 中指定的属性要通过<jsp:getProperty>完成，这两个标记在下面小节中陆续介绍。当然，读取和设置 Bean 中的属性还有另一种方式，就是在脚本程序中利用 id 属性所命名的对象变量，通过调用该对象的方法显式地读取或者修改其属性。本书不做详细介绍，可参考其他书籍。

3.2.6　setProperty 动作标记

该标记通常与<jsp:useBean>标记一起使用，它以请求中的参数给创建的 JavaBean 中对应的属性赋值，通过调用 Bean 中的 setXxx()方法来完成。其语法格式如下：

```
<jsp:setProperty name="Bean 实例名"
   {
   property="*"
     | property="propertyName"
     | property="propertyName" param="parameterName"
     | property="propertyName" value="值"
   }
/>
```

下面对<jsp:setProperty>动作中各属性的用法进行详细介绍。

(1) name 属性：用来指定一个存在于 JSP 中某个范围内的 Bean 实例。

<jsp:setProperty>动作标记将按照 page、request、session 和 application 的顺序来查找这个 Bean 实例，直到第一个实例被找到。如果任何范围内都不存在这个 Bean 实例，则会抛出异常。

(2) property="*"：当 property 的取值为"*"时，要求 Bean 属性的名称与类型要与 request 请求中参数的名称及类型一致，以此用 Bean 中的属性来接收客户输入的数据，系统会根据名称来自动匹配。如果 request 请求中存在值为空的参数，那么，Bean 中对应的属性将不会被赋值为 null；如果 Bean 中存在一个属性，但请求中没有与之对应的参数，那么，该属性同样不会被赋值为 null，在这两种情况下的 Bean 属性都会保留原来的值或者默认的值。

此种使用方法的限定条件是：请求中参数的名称和类型必须与 Bean 中属性的名称和类型完全一致。但通过表单传递的参数都是 String 类型的，所以，JSP 会自动地将这些参数转换为 Bean 中对应属性的类型。

表 3-2 给出了 JSP 自动将 String 类型转换为其他类型时所调用的方法。

表 3-2　JSP 自动将 String 类型转换为其他类型的方法

其他类型	转换方法
Integer	java.lang.Integer.valueOf(String)
int	java.lang.Integer.valueOf(String).intValue()
Double	java.lang.Double.valueOf(String)
double	java.lang.Double.valueOf(String).doubleValue()

其他类型	转换方法
Float	java.lang.Float.valueOf(String)
float	java.lang.Float.valueOf(String).floatValue()
Long	java.lang.Long.valueOf(String)
long	java.lang.Long.valueOf(String).longValue()
Boolean	java.lang.Boolean.valueOf(String)
boolean	java.lang.Boolean.valueOf(String).booleanValue()
Byte	java.lang.Byte.valueOf(String)
byte	java.lang.Byte.valueOf(String).byteValue()

(3) property="propertyName"：当 property 属性取值为 Bean 中的属性时，只会将 request 请求中与该 Bean 属性同名的一个参数的值赋给这个 Bean 属性。如果请求中没有与 property 所指定的同名参数，则该 Bean 属性会保留原来的值或默认的值，而不会被赋值为 Null。与 property 属性值为"*"时一样，当请求中参数的类型与 Bean 中的属性类型不一致时，JSP 会自动进行转换。

(4) property="propertyName" param="parameterName"：property 属性指定 Bean 中的某个属性，param 属性指定一个 request 请求中的参数。该种方法允许将请求中的参数赋值给 Bean 中与该参数不同名的属性。如果 param 属性指定参数的值为空，那么，由 property 属性指定的 Bean 属性会保留原来的值或默认的值，而不会被赋为 null。

(5) property="propertyName" value="值"：value 属性指定的值可以是一个字符串数值或表示一个具体值的 JSP 表达式或 EL 表达式，该值将被赋给 property 属性指定的 Bean 属性。当 value 属性是一个字符串时，如果指定的 Bean 属性与其类型不一致，JSP 会将该字符串值自动转换成对应的类型。当 value 属性指定的是一个表达式时，则该表达式所表示的值的类型必须与 property 属性指定的 Bean 属性一致，否则，将会抛出"argument type mismatch"异常。

3.2.7 getProperty 动作标记

该标记用来获得 Bean 中的属性，并将其转换为字符串，再在 JSP 页面中输出，该 Bean 中必须具有 getXxx()方法。使用的语法格式如下：

```
<jsp:getProperty name="Bean 实例名" property="propertyName" />
```

下面对 name 属性和 property 属性的用法进行详细介绍。

(1) name 属性：用来指定一个存在于 JSP 中某个范围内的 Bean 实例。

<jsp:getProperty>标记会按照 page、request、session 和 application 的顺序，来查找这个 Bean 实例，直到第一个实例被找到。如果任何范围内都不存在这个 Bean 实例，则会抛出异常。

(2) property 属性：该属性指定了要获取由 name 属性指定的 Bean 中的哪个属性的值。若它指定的值为 stuName，那么，Bean 中必须存在 getStuName()方法，否则会抛出异常。如果指定 Bean 中的属性是一个对象，那么该对象的 toString()方法将被调用，并输出执行结果。

【例 3-10】创建一个 JavaBean，设置并且读取它的 info 属性值。

①　在 Eclipse 环境下，创建 JavaBean 文件 SimpleBean.java。步骤如下。

右击 Web 项目 ch03 下的 Java Resources: src 目录，从快捷菜单中选择"新建"→"包"命令，输入包名"com.bean"；然后右击包名 com.bean，从快捷菜单中选择"新建"→"类"命令，输入类名"SimpleBean"。然后输入如下代码：

```
package com.bean;
public class SimpleBean {
    private String message = "";
    public String getMessage() {
        return(message);
    }
    public void setMessage(String str) {
        this.message = str;
    }
}
```

②　新建文件 3-10.jsp，创建名为 Bean1 的 JavaBean，设置 message 属性的值为"你好，欢迎学习使用 JSP 程序开发！"，再获取其值输出到页面。具体代码如下：

```
<%@ page contentType="text/html; charset=gb2312"%>
<html>
<body>
使用动作标记&lt;jsp:useBean&gt;创建一个 Bean 实例，名称为 Bean1,<br/>
&lt;setProperty&gt;用于设置 Bean1 中属性 message 的值为"你好，欢迎学习使用 JSP 程序
开发！",<br/>
&lt;getProperty&gt;用于获取 Bean1 中属性 message 的值并输出<br/>
<jsp:useBean id="Bean1" class="com.bean.SimpleBean" />
<jsp:setProperty name="Bean1" property="message"
  value="你好，欢迎学习使用 JSP 程序开发！" />
<hr>
<font size=4 color="blue">message 的值为:
  <jsp:getProperty name="Bean1" property="message" />
</font>
</body>
</html>
```

③　运行 3-10.jsp，运行结果如图 3-10 所示。

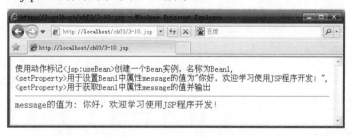

图 3-10　创建和使用 JavaBean

3.3   实训三：JSP 指令与动作的运用

1. 实训目的

综合运用 JSP 指令和 JSP 动作标记。

2. 实训内容

建立一个水果信息浏览的网站，包括主页面和三个显示不同水果平均价格信息的页面，所有页面都包括统一的头部和尾部信息。具体要求如下。

(1) 在主页面 ch03\3-11.jsp 中，由用户输入姓名，以及选择要去浏览的水果种类(该例中有苹果、梨和香蕉，共三类)，单击"去看看"按钮，即可进入相应的水果信息分页面，并且将用户姓名一并传入。

(2) 在每种水果信息的页面中输出用户，并且列出该种水果的详细分类，以及各自的平均价格。

主页面程序的运行效果如图 3-11 所示。输入姓名且选择水果种类后，单击"去看看"按钮，即可进入相应的水果页面，如图 3-12 所示。

图 3-11   主页面运行结果

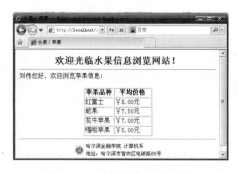

图 3-12   苹果信息显示页面

3. 实训步骤

(1) 创建头部信息文件 pageTop.txt，输入以下代码：

```
<%@ page contentType="text/html; charset=gb2312" %>
<center>
    <font size="5" color="midnightblue">
        <b>欢迎光临水果信息浏览网站！</b>
    </font>
</center>
<hr>
```

(2) 创建尾部信息文件 pageEnd.txt，输入以下代码：

```
<%@ page contentType="text/html; charset=gb2312"%>
<hr>
<center>
<table>
```

```
    <tr>
        <td rowspan="2"><img src="logo.JPG"></td>
        <td>
            <font size="2" color="midnightblue">
            哈尔滨金融学院　计算机系
            </font>
        </td>
    </tr>
    <tr>
        <td>
            <font size="2" color="midnightblue">
            地址：哈尔滨市香坊区电碳路 65 号
            </font>
        </td>
    </tr>
</table>
</center>
```

(3)　创建主页面文件 3-11.jsp，输入以下代码：

```
<%@ page contentType="text/html; charset=gb2312"%>
<html>
<head>
    <title>水果信息浏览主页</title>
</head>
<body>

<%@ include file="pageTop.txt"%>

<form action="" method="post" name="Form1"> <!--提交给本页面处理-->
<font color="midnightblue" size="4">
    <strong>
        请输入您的姓名<input name="UserName" type="text"><p></p>
        您要浏览哪种水果的价格信息？请选择：
        <select name="fruitType">
            <option value="novalue"></option>
            <option value="1">苹果</option>
            <option value="2">梨</option>
            <option value="3">香蕉</option>
        </select>
    </strong>
</font>
<br><br>
<input type="submit" value="去看看">
<input type="reset" value="重置">
</form>

<%
//当单击“去看看”按钮时，调用 Form1.submit()方法提交表单至本文件，
//接收到参数 fruitType 后，根据这个字符串的第一个字符值判断要转向的水果页面，
//并且以参数形式传递用户姓名
```

```
String s = null;
s = request.getParameter("fruitType");
if(s != null)
{
    switch(s.charAt(0))
    {
    case '1':
%>
        <jsp:forward page="apple.jsp">
        <jsp:param name="Name"
          value="<%=request.getParameter("UserName")%>"/>
        </jsp:forward>
<%
        break;
    case '2':
%>
        <jsp:forward page="pear.jsp">
        <jsp:param name="Name"
          value="<%=request.getParameter("UserName")%>"/>
        </jsp:forward>
<%
        break;
    case '3':
%>
        <jsp:forward page="banana.jsp">
        <jsp:param name="Name"
          value="<%=request.getParameter("UserName")%>"/>
        </jsp:forward>
<%
        break;
    default:
        out.println("<font color='red'>您还没有进行选择！</font>");
    }
}
%>
<%@ include file="pageEnd.txt"%>
</body>
</html>
```

(4) 创建苹果页面文件 apple.jsp，输入以下代码：

```
<%@ page contentType="text/html; charset=gb2312"%>
<html>
<head><title>水果：苹果</title></head>
<body>
<%@ include file="pageTop.txt"%>
<%!
//方法 codeToString 主要用于解决中文乱码
public String codeToString(String str)
{
    String s = str;
```

```
    try
    {
        //先将客户提交的含有中文字符的字符串用 ISO-8859-1 编码，
        //并放到一个字节数组中，再用 String 类的构造函数将其转换为字符串对象
        byte tempB[] = s.getBytes("ISO-8859-1");
        s = new String(tempB);
        return s;
    }
    catch(Exception e)
    {
        return e.toString();
    }
}
%>
<%
String strName = codeToString(request.getParameter("Name"));
out.println(strName + "您好，欢迎浏览苹果信息！");
%>
<br><br>
<table width="35%" border="1" align="center">
    <tr>
        <th width="44%">苹果品种</td>
        <th width="56%">平均价格</td>
    </tr>
    <tr>
        <td>红富士</td>
        <td>￥8.00 元</td>
    </tr>
    <!--其他代码省略-->
</table>
<%@ include file="pageEnd.txt"%>
</body>
</html>
```

以上代码中的方法 codeToString 主要用于解决中文乱码问题。在编写 JSP 程序时，常常遇到中文字符处理的问题，即在接受 request 的中文字符时，显示出来的却是乱码，此时必须对客户提交的含有中文字符的数据做特殊处理：先将得到的字符串用 ISO-8859-1 编码，并放到一个字节数组中，再用 String 类的构造函数将其转换为字符串对象。这个过程的程序代码如下：

```
String s1 = request.getParameter("UserName");
byte tempB[] = s1.getBytes("ISO-8859-1");
String s2 = new String(tempB);
```

上述代码中，用 s1 接收用户提交的参数 UserName，将其转换为一个 byte 数组后，再用 String 的构造函数重新生成字符串，这样，将不会再显示为乱码。

(5) 梨信息页面文件 pear.jsp 和香蕉信息页面文件 banana.jsp 的程序代码与苹果信息页面 apple.jsp 类似，不再给出程序代码。这里，仅给出梨页面和香蕉页面的运行效果，如图 3-13 和图 3-14 所示。

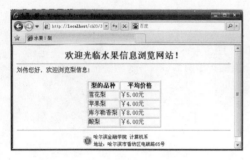

图 3-13 梨信息显示页面

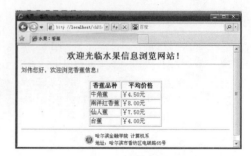

图 3-14 香蕉信息显示页面

提示：

① 可以将包含头部和尾部信息所使用的 include 指令改成动作标记<jsp:include>来实现，其效果是一样的。

② 用于处理中文字符乱码问题的代码可以改写成 JavaBean，在页面程序中使用动作标记<jsp:useBean>来引用，学完后续章节后，可练习修改。

3.4 本章小结

本章重点介绍了 JSP 中指令标记和动作标记的使用，其中，指令标记在编译阶段就被执行，通过指令标记，可以向服务器发出指令，要求服务器根据指令进行一些操作，这些操作就相当于数据的初始化；动作标记是在请求处理阶段被执行的，也就是说，在编译阶段不实现它的功能，只有真正执行时再来实现。

本章详细介绍了指令和动作两部分的使用语法，并且对重点的、常用的语法进行了举例，读者仔细阅读后，可以掌握它们的使用方法。

练习与提高(三)

1. 选择题

(1) <jsp:useBean>声明对象的默认有效范围是( )。

    A. page   B. session

    C. application   D. request

(2) <jsp:param>动作标记经常与( )动作一起使用。

    A. <jsp:useBean>   B. <jsp:getProperty>

    C. <jsp:setProperty>   D. <jsp:forward>

(3) JSP 的 page 指令中，session 属性的默认值为 true，表示的意思为( )。

    A. 指定的 JSP 页不参与 HTTP 会话

    B. 所在页参与会话

    C. 没有任何意义

    D. 以上说法都不对

(4) 在 JSP 中使用<jsp:getProperty>标记时，不会出现的属性是( )。

    A.　name　　　　　　　　　　　B.　property

    C.　value　　　　　　　　　　　D.　以上皆不会出现

(5)　page 指令用于定义 JSP 文件的全局属性，下列关于其用法的描述不正确的是:
(　　)

    A.　<%@ page %>作用于整个 JSP 页面

    B.　可以在一个页面中使用多个<%@ page %>指令

    C.　为增强程序的可读性，建议将<%@ page %>指令放在 JSP 文件的开头，但不
是必需的

    D.　<%@ page %>指令中的属性只能出现一次

(6)　page 指令中的(　　)属性可多次出现。

    A.　contentType　　　　　　　　B.　extends

    C.　import　　　　　　　　　　　D.　不存在这样的属性

(7)　以下动作标记用来实现页面跳转的是(　　)。

    A.　<jsp:include>　　　　　　　　B.　<jsp:useBean>

    C.　<jsp:forward>　　　　　　　　D.　<jsp:plugin>

(8)　以下(　　)属性是 include 指令所具有的。

    A.　page　　　　　　　　　　　B.　file

    C.　contentType　　　　　　　　D.　prefix

(9)　如果当前 JSP 页面出现异常时，需要转到一个异常页，须设置 page 指令的(　　)
属性。

    A.　Exception　　　　　　　　　B.　isErrorPage

    C.　error　　　　　　　　　　　D.　errorPage

(10)　下列(　　)指令定义在 JSP 编译时包含所需要的资源。

    A.　include　　　　　　　　　　B.　page

    C.　taglib　　　　　　　　　　　D.　forward

(11)　在 JSP 中使用 include 不能包含的文件是(　　)。

    A.　文本文件　　　　　　　　　B.　静态网页文件

    C.　JSP 网页文件　　　　　　　D.　ASP 网页文件

(12)　在客户端出现乱码，原因是没有加 page 指令中的(　　)属性。

    A.　import　　　　　　　　　　B.　info

    C.　language　　　　　　　　　D.　contentType

(13)　在 JSP 文件中加载动态页面可以用(　　)。

    A.　<jsp:include>动作　　　　　　B.　page 指令

    C.　<jsp:forward>动作　　　　　　D.　Taglib 指令

(14)　page 指令的(　　)属性可以设置 JSP 页面是否可多线程访问。

    A.　session　　　　　　　　　　B.　buffer

    C.　isThreadSafe　　　　　　　　D.　info

(15)　在 JSP 中调用 JavaBean 时不会用到的标记是(　　)。

    A.　<javabean>　　　　　　　　B.　<jsp:useBean>

    C. <jsp:setProperty>   D. <jsp:getProperty>

2. 填空题

(1) _____指令可用于包含另一个文件。

(2) _____指令定义 JSP 文件中的全局属性，它描述了与页面相关的指示信息。

(3) page 指令的_____属性用于设置 JSP 文件和最终文件的 MIME 类型和字符集的类型，_____属性指明想要引入的包和类。

(4) _____动作用于向一个 JavaBean 的属性赋值，要注意的是，在这个动作中，将会用到的 name 属性的值是一个前面已经使用_____动作引入的 JavaBean 的名字。

(5) _____动作标记用于动态引入一个静态或动态的页面到一个 JSP 文件中。该动作标记可以包含一个或几个_____子动作，用于向要引入的页面传递参数。

(6) _____动作用于从一个 JavaBean 中得到某个属性的值，无论原先这个属性是什么类型的，都将被转换为一个 String 类型的值。

3. 简答题

(1) JSP 中主要包含哪几种指令？它们的作用及语法格式是什么？

(2) 如何使用 JSP 页面来处理运行时错误？

(3) JSP 中常用的动作标记有哪些？

(4) 试比较说明 include 指令与 include 动作标记的区别。

(5) 在 JSP 中如何包含一个静态文件 copyright.html？

4. 实训题

(1) 阅读下列程序，回答后面的问题。

xt3-1.jsp 文件：

```
<%@ page contentType="text/html;charset=gb2312" %>
<html>
<body bgcolor="lightblue" >
这里是显示结果：<br>
<jsp:include page="xt3-1-info.html"/><p>
</body>
</html>
```

xt3-1-info.html 文件：

```
<a href="contact.html">联系我们</a>
<a href="map.html">网站地图</a>
<a href="manager.html">站务管理</a>
```

① 简要说明页面中出现的<%@ page %>的作用。

② 访问 xt3-1.jsp 页面，写出该页面的输出结果。

(2) 创建如下所示的 JavaBean：

```
package com.bean;
public class A
{
```

```
    private int num;
    public void setNum(int num)
    { this.num = num; }
    public int getNum()
    { return num; }
}
```

　　然后创建页面 xt3-2.jsp，通过<jsp:useBean class="com.bean.A" id="mybean" />创建一个 JavaBean 的实例，现要求设置 mybean 的 num 属性值为 15，并将其显示出来。

　　(3)　阅读下列程序，回答问题。

xt3-3.jsp 文件：

```
<%@ page contentType="text/html;charset=gb2312"%>
<html>
<body>
<%@ include file="xt3-3-title.html" %>
您好，哈尔滨金融学院欢迎您的到来！
</body>
</html>
```

xt3-3-title.html 文件：

```
<%@ page contentType="text/html;charset=gb2312" %>
<a href="index.jsp">回到首页</a>
<a href="news.jsp">校园新闻</a>
<a href="forum.jsp">师生论坛</a><br>
```

　　①　简要说明 xt3-3.jsp 文件中出现的<%@ include%>指令的作用。

　　②　访问 xt3-3.jsp 页面，写出该页面的输出结果。

　　(4)　阅读下列程序，回答问题。

xt3-4.jsp 文件：

```
<html>
<body>
<jsp:forward page="xt3-4-forward.jsp">
    <jsp:param name="name1" value="WangMing" />
    <jsp:param name="name2" value="<%=request.getParameter("name2")%>" />
</jsp:forward>
</body>
</html>
```

xt3-4-forward.jsp 文件：

```
<%=request.getParameter("name1")%>and
<%=request.getParameter("name2")%>are good friends!
```

　　①　在浏览器的地址栏中输入 "http://localhost/ch03/xt3-4.jsp?name2=mali" 后按 Enter 键，写出页面上的输出结果。

　　②　本例中使用<jsp:forward>动作重定向，请问页面执行完毕后，浏览器地址栏中的文件名仍保持 xt3-4.jsp 文件名不变，还是变为重定向后的新文件名 xt3-4-forward.jsp？

(5) 创建一个 bubble.jsp 文件，内部包含一个用于排序的函数 bubble(int a[])，然后在主包含文件 xtch03-4-5.jsp 中，通过 include 指令，将该文件包含进来，用来对数组 int a[]={46,3,98,87,9,32,21}进行排序，并将排序前和排序后的数据分别输出。最终的运行结果如图 3-15 所示。

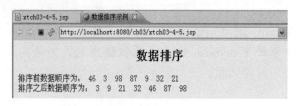

图 3-15　数据排序程序的运行结果

(6) 创建 xtch03-4-6.jsp 文件，用循环的方法输出 1~10000 的数值，此时，设置 page 指令中的 autoFlush 属性为 false，导致当输出缓冲区满的时候，不能自动刷新缓冲区，而抛出异常，该异常由 errorPage 所指定的错误处理文件 errorPage.jsp 处理，即在窗口中显示错误信息，效果如图 3-16 所示。

图 3-16　出错处理程序的运行结果

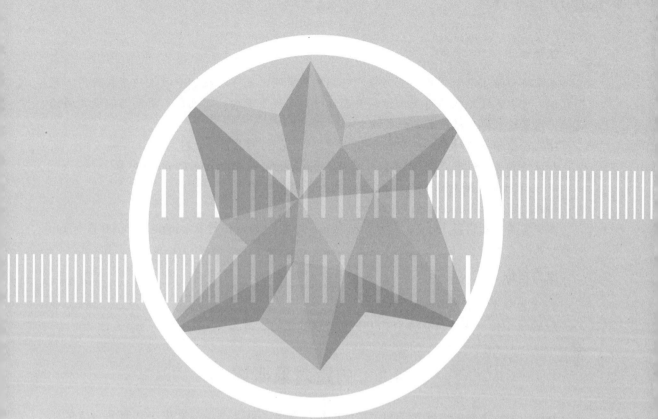

第 4 章

JSP 的内置对象

本章要点

本章将介绍 JSP 的常用内置对象，它们不用声明，就可以在 JSP 页面中直接使用。利用它们，可以方便地操作页面，访问页面环境，实现页面内、页面间、页面与环境之间的通信。内置对象按其功能主要分成四大类。

输入输出相关的对象：包括 request 对象、response 对象和 out 对象。

与属性相关的对象：包括 session 对象、application 对象和 pageContext 对象。

与 Servlet 相关的对象：包括 page 对象和 config 对象。

错误处理对象：exception 对象。

本章需要重点掌握 request 对象、response 对象、session 对象、application 对象和 out 对象的基本应用。

学习目标

1. 掌握 9 个内置对象的基本功能。
2. 通过实例，掌握内置对象在 JSP 页面编程中的应用。

4.1 内置对象概述

JSP 中包含大量的内置对象和可扩展的组件对象，可以说，对象是 JSP 编程技术的精髓。内置对象是不需要声明，就直接可以在 JSP 中使用的对象。

在 JSP 代码片段中，可以利用内置对象与 JSP 页面的执行环境产生互动。JSP 提供的内置对象共有 9 个，如表 4-1 所示。

表 4-1　JSP 中的 9 个内置对象

对象名称	有效范围	主要功能
request (请求对象)	request	request 对象是 HttpServletRequest 类的实例，封装了客户端的请求信息
response (响应对象)	page	response 对象是 HttpServletResponse 类的实例，包含了响应客户端请求的有关信息
out (输出对象)	page	out 对象是 javax.jsp.JspWriter 类的实例，用于向浏览器回送输出结果
session (会话对象)	session	session 对象是 javax.servlet.http.HttpSession 类的实例，用于存储用户的会话信息
application (应用程序对象)	application	applicaton 对象是 javax.servle.ServletContext 类的实例，该对象有助于查找 Servlet 的相关信息及存储应用系统的全局信息
pageContext (页面上下文对象)	page	pageContext 对象是 javax.servlet.jsp.PageContext 类的实例，是页面中所有功能的集大成者

续表

对象名称	有效范围	主要功能
page (页面对象)	page	page 对象指向当前 JSP 页面本身，有点像类中的 this 指针，它是 java.lang.Object 类的实例
config (配置对象)	page	config 对象是 javax.servlet.ServletConfig 类的对象，用于存取 Servlet 的配置信息
exception (异常对象)	page	exception 对象是 java.lang.Throwable 类的实例，用于存储异常信息。如果一个 JSP 页面要应用此对象，就必须把 isErrorPage 设为 true，否则无法编译

(1)　内置对象的有效范围，就是指一个对象可以跨多少个 JSP 页面之后还可以继续使用。在 JSP 中，通过 setAttribute()和 getAttribute()这两个方法来设置和取得属性，从而实现数据的共享。JSP 提供了 4 种属性有效保存范围，分别为 page、request、session 以及 application。

- page 范围：在一个 JSP 页面上设置的属性只能在一个页面取得，跳转到其他页面则此属性消失。实际上操作的时候是采用 pageContext 内置对象来完成的。
- request 范围：request 可以把属性保存在一次服务器跳转范围中，即转发请求(使用<jsp:forward>动作来实现)，而不能是重定向请求(使用 response.sendRedirect()或者超级链接来实现)。
- session 范围：session 属性范围无论页面怎样跳转，都可以保存下来，但是，只针对于同一个浏览器打开的相关页面。
- application 范围：application 范围是把属性设置在整个服务器上，所有的用户都可以进行访问。

这 9 个内置对象中，request、response 和 session 是最为重要的 3 个对象，这 3 个对象体现了服务器端与客户端(即浏览器)进行交互通信的控制，如图 4-1 所示。

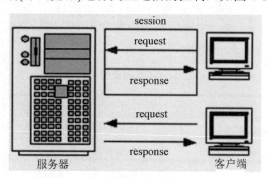

图 4-1　服务器与客户端的交互控制

从图 4-1 可以看出，当客户端打开浏览器，在地址栏中输入服务器上 Web 服务页面的地址后，实际上是使用 HTTP 协议向服务器端发送了一个请求，服务器在收到来自客户端浏览器发来的请求后，要响应该请求，就会在客户端的浏览器上显示所请求的网页。在这一交互过程中，JSP 引擎通过 request 获取客户浏览器的请求，通过 response 对客户浏览器进行响应，而 session 则一直保存着会话期间所需要传递的数据信息。

    (2) 总结起来，内置对象具有以下特点：

- 由 JSP 规范提供，不用编写者实例化。
- 通过 Web 容器实现和管理。
- 所有 JSP 页面均可使用。
- 只有在脚本元素的表达式或代码段中才可使用(<%=使用内置对象%>或<%使用内置对象%>)。

    (3) 内置对象按其功能，主要划分为以下 4 类。

- 输入输出对象：request 对象、response 对象、out 对象。
- 与属性相关的对象：session 对象、application 对象、pageContext 对象。
- 与 Servlet 相关的对象：page 对象、config 对象。
- 错误处理对象：exception 对象。

本章只详细介绍前 3 类对象，exception 对象在第 3 章中已有应用，在这里不再介绍。需要注意的问题是对象名的写法，包括这些对象方法在调用时也要书写正确，因为 Java 语言本身是大小写敏感的。

4.2　request 对象

request 对象封装了客户端的请求信息，包括用户提交的信息以及客户端的一些信息，服务端通过 request 对象可以了解到客户端的需求，然后做出响应。具体地，客户端可通过 HTML 表单或在网页地址后面提供参数的方法提交数据，然后通过 request 对象的相关方法来获取这些数据。

request 对象是 HttpServletRequest(接口)的实例。请求信息的内容包括请求的标题头 (Header)信息(如浏览器的版本信息，语言和编码方式等)，请求的方式(如 HTTP 的 GET 方法、POST 方法等)，请求的参数名称，参数值和客户端的主机名称等。

request 对象提供一些方法，主要用来处理客户端浏览器提交的请求中的各项参数和选项。表 4-2 列出了 request 对象常用的方法。

表 4-2　request 对象常用的方法

方　　法	说　　明
object getAttribute(String name)	获取指定属性的值，如该属性值不存在，返回 Null
Enumeration getAttributeNames()	获取所有属性名的集合
String getCharacterEncoding()	获取请求的字符编码方式
int getContentLength()	返回请求正文的长度(字节数)，如不确定，返回-1
String getContentType()	得到请求体的 MIME 类型
ServletInputStream getInputStream()	返回请求输入流，获取请求中的数据
String getParameter(String name)	获取 name 指定参数的参数值
Enumeration getParameterNames()	获取所有参数的名字，一个枚举

方 法	说 明
String[] getParameterValues(String name)	获取指定名字参数的所有值
String getProtocol()	获取请求用的协议类型及版本号
String getMethod()	获得客户端向服务器端传送数据的方法(如 GET、POST 和 PUT 等类型)
String getServerName()	获取接受请求的服务器主机名
int getServerPort()	返回服务器接受此请求所用的端口号
String getRemoteAddr()	获取发送此请求的客户端 IP 地址
String getRemoteHost()	获取发送此请求的客户端主机名
String getRealPath(String path)	获取一虚拟路径的真实路径
cookie[] getCookies()	获取所有的 Cookie 对象
void setAttribute(String key, Object obj)	设置属性的属性值
boolean isSecure()	返回布尔类型的值,用于确定这个请求是否使用了一个安全协议,例如 HTTP
boolean isRequestedSessionIdFromCookie()	返回布尔类型的值,表示会话是否使用了一个 Cookie 来管理会话 ID
boolean isRequestedSessionIdFromURL()	返回布尔类型的值,表示会话是否使用 URL 重写来管理会话 ID
boolean isRequestedSessionIdFromValid()	检查请求的会话 ID 是否合法

下面来重点介绍 request 对象的应用。

4.2.1   获取客户信息

request 对象就是利用列举的那些 get 方法,来获取客户端的信息。

【例 4-1】应用 request 对象获取客户信息。源程序如下:

```
<!--4-1.jsp-->
<%@ page contentType="text/html;charset=gb2312" %>
<html>
<head><title> request 对象获取客户信息</title></head>
<body>
客户提交信息的方式: <%=request.getMethod() %><br/>
使用的协议: <%=request.getProtocol() %><br/>
获取提交数据的客户端 IP 地址: <%=request.getRemoteAddr() %><br/>
获取服务器的名称: <%=request.getServerName() %><br/>
获取服务器的端口号: <%=request.getServerPort() %><br/>
获取客户端的机器名称: <%=request.getRemoteHost() %><br/>
</body>
</html>
```

运行该实例,结果如图 4-2 所示。

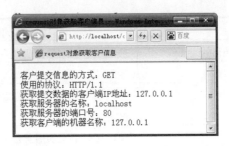

图 4-2　应用 request 对象获取客户信息

💡 **注意：** 在连接 Access 数据库时，如果不想手动配置数据源，可以通过指定数据库文件的绝对路径来实现，这时，可以通过 request 对象的 getRealPath()方法获取数据库文件所在的目录，再将该目录与数据库文件名连接，来获取数据库文件的绝对路径。后面的章节中会有详细的介绍。

4.2.2　获取请求参数

通常，用户借助表单向服务器提交数据，完成用户与网站之间的交互，大多数 Web 应用程序中都是这样的。表单中包含文本框、列表、按钮等输入标记。当用户在表单中输入完信息后，单击 Submit 按钮提交给服务器处理。用户提交的表单数据存放在 request 对象里，通常在 JSP 代码中用 getParameter()或者 getParameterValues()方法来获取表单传送过来的数据，前者用于获取单值，如文本框、按钮等；后者用于获取数组，如复选框或者多选列表项。使用格式如下：

```
String getParameter(String name);
String[] getParameterValues(String name);
```

以上两个方法的参数 name 与 HTML 标记的 name 属性对应，如果不存在，则返回 null。

另外要注意的是，利用 request 的方法获取表单数据时，默认情况下，字符编码是 ISO-8859-1，所以，当获取客户提交的汉字字符时，会出现乱码问题，必须进行特殊处理。首先，将获取的字符串用 ISO-8859-1 进行编码，并将编码存放到一个字节数组中，然后再将这个数组转化为字符串对象即可，这种方法仅适用于处理表单提交的单值数据或者查询字符串中所传递的参数。这在第 3 章中已有介绍，关键代码如下：

```
String s1 = request.getParameter("UserName");
byte tempB[] = s1.getBytes("ISO-8859-1");
String s2 = new String(tempB);
```

在处理中文字符乱码问题时，下面的设置编码格式的语句在获取表单提交的单值或者数组数据时都更为常用：

```
<%
request.setCharacterEncoding("GBK");   //设置编码格式为中文编码，或者 GB2312
%>
```

【例 4-2】应用 request 对象获取请求参数。在 4-2.jsp 页面中，利用表单向 4-2-1.jsp 页面提交用户的注册信息，包括用户名、密码和爱好。运行结果如图 4-3(a)所示。

4-2.jsp 的源程序如下：

```
<!--4-2.jsp-->
<%@ page contentType ="text/html;charset=gb2312"%>
<html>
<head><title>request 对象获取请求参数</title></head>
<body>
<h2>个人注册信息</h2>
<form name="form1" method="post" action="4-2-1.jsp">
   用户名：
   <input name="username" type="text" id="username" /><br>
   密  码：
   <input name="pwd" type="text" id="pwd" /><br>
   爱  好：
   <input name="inst" type="checkbox" value="读书">读书
   <input name="inst" type="checkbox" value="音乐">音乐
   <input name="inst" type="checkbox" value="美术">美术
   <input name="inst" type="checkbox" value="运动">运动<br>
   <input type="submit" value="提交" />
   <input type="reset" value="重置" />
</form>
</body>
</html>
```

程序 4-2.jsp 通过表单向 4-2-1.jsp 提交信息，4-2-1.jsp 通过 request 对象获取用户提交的表单数据并进行处理，运行结果如图 4-3(b)所示。

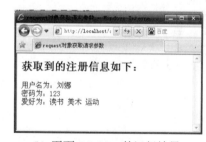

　　　(a) 页面 4-2.jsp 的运行结果　　　　　　(b) 页面 4-2-1.jsp 的运行结果

图 4-3　例 4-2 的运行结果

4-2-1.jsp 的源程序如下：

```
<!--4-2-1.jsp-->
<%@ page contentType="text/html; charset=gb2312" %>
<html>
<head><title>request 对象获取请求参数</title></head>
<body>
<h2>获取到的注册信息如下：</h2>
<%
request.setCharacterEncoding("gb2312");
```

```
String username = request.getParameter("username");
String pwd = request.getParameter("pwd");
String inst[] = request.getParameterValues("inst");
out.println("用户名为: " + username + "<br>");
out.println("密码为: " + pwd + "<br>");
out.print("爱好为: ");
for(int i=0; i<inst.length; i++)
    out.println(inst[i] + " ");
%>
</body>
</html>
```

4.2.3　获取查询字符串

为了在网页之间传递值，常常在请求的 URL 地址后面附加查询字符串，用法如：

?变量名 1=值 1&变量名 2=值 2...

可以有多个变量参数，参数之间使用&来连接，变量的值可以是 JSP 表达式。利用 request.getParameter()方法获取查询字符串中的所有变量及其值。

【例 4-3】应用 request 对象获取查询字符串，实现页面之间传值的目的。在 4-3.jsp 页面中设置要传递的数据，当单击"显示"时，超链接到 4-3-1.jsp 页面，并将所传递的信息显示出来。运行结果分别如图 4-4(a)、图 4-4(b)所示。

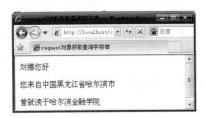

(a) 页面 4-3.jsp 的运行结果　　　　　　　(b) 页面 4-3-1.jsp 的运行结果

图 4-4　例 4-3 的运行结果

源程序如下。

```
<!--4-3.jsp-->
<%@ page contentType="text/html; charset=gb2312"%>
<html>
<head><title>request 对象获取查询字符串</title></head>
<body>
<%String address="黑龙江省哈尔滨市";%>
<%String college="哈尔滨金融学院";%>
<h4>请单击下面的链接查看我的相关信息</h4>
<a href="4-3-1.jsp?name=刘娜&add=<%=address%>&col=<%=college%>">显示</a>
</body>
</html>


<!--4-3-1.jsp-->
```

```
<%@ page contentType="text/html; charset=gb2312"%>
<html>
<head><title>request 对象获取查询字符串</title></head>
<body>
<%
//request.setCharacterEncoding("gb2312");失效
String m_name = request.getParameter("name");
String m_add = request.getParameter("add");
String m_col = request.getParameter("col");
//处理中文乱码
String ch_name = new String(m_name.getBytes("ISO-8859-1"));
String ch_add = new String(m_add.getBytes("ISO-8859-1"));
String ch_col = new String(m_col.getBytes("ISO-8859-1"));
out.println(ch_name + "您好");
out.println("<p>您来自中国" + ch_add + "<p>曾就读于" + ch_col);
%>
</body>
</html>
```

4.2.4   在作用域中管理属性

在进行请求转发时，往往需要把一些数据带到转发后的页面进行处理。这时，就可以使用 request 对象的 setAttribute()方法设置数据在 request 范围内存取。

(1)   设置转发数据的格式如下：

```
request.setAttribute("key", value);
```

参数 key 是键，为 String 类型。在转发后的页面取数据时，就通过这个键来获取数据。参数 value 是键值，为 Object 类型，它代表需要保存在 request 范围内的数据。

(2)   获取转发数据的格式如下：

```
request.getAttribute("key");
```

参数 key 表示键名，如果指定的属性值不存在，则返回一个 null 值。

在页面使用 request 对象的 setAttribute("key", value)方法，可以把数据 value 设定在 request 范围内。请求转发后的页面使用 getAttribute("key")就可以取得数据 value。

💡 注意：   这一对方法在不同的请求之间传递数据，而且从上一个请求到下一个请求必须是转发请求(使用<jsp:forward>动作来实现)，即保存的属性在 request 属性范围内(request scope)，而不能是重定向请求(使用 response.sendRedirect()或者超级链接来实现)。

【例 4-4】通过 request 对象在作用域中管理属性。使用 request 对象的 setAttribute()方法设置数据，然后在请求转发后利用 getAttribute()取得设置的数据。源程序如下：

```
<!--4-4.jsp-->
<%@ page contentType="text/html; charset=gb2312"%>
<html>
```

```
<head><title>request 对象在作用域中管理属性</title></head>
<body>
<% request.setAttribute("str","欢迎学习 request 对象的使用方法！"); %>
<jsp:forward page="4-4-1.jsp" />
</body>
</html>


<!--4-4-1.jsp-->
<%@ page contentType="text/html; charset=gb2312"%>
<html>
<head><title>request 对象在作用域中管理属性</title></head>
<body>
<% out.println("页面转发后获取的属性值: " + request.getAttribute("str")); %>
</body>
</html>
```

运行实例，结果如图 4-5 所示。

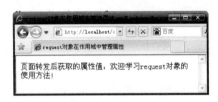

图 4-5 通过 request 对象在作用域中管理属性

在 4-4.jsp 中，若将语句<jsp:forward page="4-4-1.jsp" />改成 response.sendRedirect("4-4-1.jsp")或者<a href="4-4-1.jsp">跳转</a>，都不能获得 request 范围内的属性值。

4.2.5 获取 Cookie

Cookie 是一小段文本信息，伴随着用户请求和页面在 Web 服务器和浏览器之间传递。Cookie 常常用来保存用户信息，以便 Web 应用程序能进行读取，并且当用户每次访问站点时，Web 应用程序都可以读取 Cookie 包含的信息。

例如，当用户访问站点时，可以利用 Cookie 保存用户首选项或其他信息，这样，当用户下次再访问站点时，应用程序就可以检索以前保存的信息。

(1) 通过 request 对象中的 getCookies()方法获取 Cookie 中的数据。获取 Cookie 的方法如下：

```
Cookie[] cookie = request.getCookies();
```

request 对象的 getCookies()方法返回的是 Cookie[]数组。

(2) 通过 response 对象的 addCookie()方法添加一个 Cookie 对象(response 对象将在下一节介绍)。添加 Cookie 的方法如下：

```
response.addCookie(Cookie cookie);
```

【例 4-5】通过 request 对象获取 Cookie。使用 request 对象的 getCookies()方法和 response 对象的 addCookie()方法，记录本次及上次访问网页的时间。结果如图 4-6 所示。

图 4-6　通过 request 对象获取 Cookie

源程序如下：

```
<!--4-5.jsp-->
<%@ page contentType="text/html; charset=gb2312"%>
<html>
<head><title>request 对象获取 Cookie</title></head>
<body>
<%
Cookie[] cookies = request.getCookies(); //从 request 中获得 Cookies 集
Cookie cookie_response = null; //初始化 Cookie 对象为空
String t = new java.util.Date().toLocaleString(); //取得当前访问时间
if(cookies == null) {
    cookie_response = new Cookie("AccessTime", "");
    out.println("您第一次访问，本次访问时间: " + t + "<br>");
    cookie_response.setValue(t);
    response.addCookie(cookie_response);
}
else {
    cookie_response = cookies[0];
    out.println("本次访问时间: " + t + "<br>");
    out.println("上一次访问时间: " + cookie_response.getValue());
    cookie_response.setValue(t);
    response.addCookie(cookie_response);
}
%>
</body>
</html>
```

4.2.6　访问安全信息

request 对象提供了对安全属性的访问，主要包括以下 4 个方法：

- isSecure()。
- isRequestedSessionIdFromCookie()。
- isRequestedSessionIdFromURL()。
- isRequestedSessionId FromValid()。

例如，可使用 request 对象来确定当前请求是否使用了一个类似 HTTP 的安全协议：

```
用户安全信息: <%=request.isSecure()%>
```

4.2.7 访问国际化信息

很多 Web 应用程序都能够根据客户浏览器的设置做出国际化响应，这是因为浏览器通过 accept-language 的 HTTP 报头向 Web 服务器指明它所使用的本地语言，JSP 开发人员就可以利用 request 对象中的 getLocale()和 getLocales()方法获取这一信息，获取的信息属于 java.util.Local 类型。

使用报头的具体代码如下：

```
<%
java.util.Locale locale = request.getLocale();
if(locale.equals(java.util.Locale.US)) {
    out.print("Welcome to BeiJing");
}
if(locale.equals(java.util.Locale.CHINA)) {
    out.print("北京欢迎您");
}
%>
```

这段代码，如果所在区域为中国，将显示"北京欢迎您"，而所在区域为英国，则显示"Welcome to BeiJing"。

4.3 response 对象

response 对象和 request 对象相对应，用于响应客户请求，向客户端输出信息。

response 是 HttpServletResponse 的实例，封装了 JSP 产生的响应客户端请求的有关信息，如回应的 Header，回应本体(HTML 的内容)以及服务器端的状态码等信息，提供给客户端。请求的信息可以是各种数据类型的，甚至是文件。

response 对象的常用方法如表 4-3 所示。

表 4-3 response 对象的常用方法

方　　法	说　　明
void addCookie(Cookie cookie)	添加一个 Cookie 对象
void addHeader(String name, String value)	添加 HTTP 文件指定名的头信息
String encodeURL(String url)	将 URL 予以编码，回传包含 Session ID 的 URL
void flushBuffer()	强制把当前缓冲区内容发送到客户端
int getBufferSize()	返回响应所使用的实际缓冲区大小，如果没使用缓冲区，则该方法返回 0
void setBufferSize(int size)	为响应的主体设置首选的缓冲区大小
boolean isCommitted()	返回一个 boolean，表示响应是否已经提交；提交的响应已经写入状态码和报头
void reset()	清除缓冲区存在的任何数据，并清除状态码和报头

方　法	说　明
ServletOutputStream getOutputStream()	返回到客户端的输出流对象
void sendError(int xc[, String msg])	向客户端发送错误信息
void sendRedirect(java.lang.String location)	把响应发送到另一个位置进行处理
void setContentType(String type)	设置响应的 MIME 类型
void setHeader(String name, String value)	设置指定名字的 HTTP 文件头信息
void setContentLength(int len)	设置响应头的长度

下面来重点介绍 response 对象的应用。

4.3.1　动态设置响应的类型

前面第 3 章讲解 page 指令时，利用该指令设置发送到客户端文档的响应报头的 MIME 类型和字符编码，如<%@ page contentType="text/html; charset=gb2312" %>，它表示当用户访问该页面时，JSP 引擎将按照 contentType 的属性值即 text/html(网页)做出反应。如果要动态改变这个属性值来响应客户，就需要使用 response 对象的 setContentType(String s)方法来改变。语法格式如下：

```
response.setContentType("MIME");
```

MIME 可以为 text/html(网页)、text/plain(文本)、application/x-msexcel(Excel 文件)、application/msword(Word 文件)。

【例 4-6】通过 response 对象动态设置响应类型。使用 response 对象的 setContentType (String s)方法来动态设置响应回去的类型。源程序如下：

```
<!--4-6.jsp-->
<%@ page contentType="text/html;charset=GB2312" %>
<html>
<head><title>response 对象动态设置响应类型</title></head>
<body>
<h2>response 对象动态设置响应类型</h2>
<p>请选择将当前页面保存的类型
<form action="" method="post" name=frm>
    <input type="submit" value="保存为 word" name="submit1">
    <input type="submit" value="保存为 Excel" name="submit2">
</form>
<%
if(request.getParameter("submit1") != null)
    response.setContentType("application/msword;charset=GB2312");
if(request.getParameter("submit2") != null)
    response.setContentType("application/x-msexcel;charset=GB2312");
%>
</body>
</html>
```

运行实例，运行结果如图 4-7 所示。

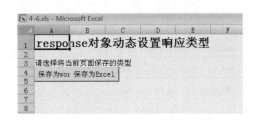

(a) 页面 4-6.jsp 的运行结果　　　　　　　(b) 保存为 Excel 类型后打开该文件

图 4-7　通过 response 对象动态设置响应类型

4.3.2　重定向网页

在某些情况下，当响应客户时，需要将客户引导至另一个页面，例如，当客户输入了正确的登录信息时，就需要被引导到登录成功页面，否则被引导到错误显示页面。此时，可以使用 response 的 sendRedirect(URL)方法将客户请求重定向到一个不同的页面。例如，将客户请求重定向到 login_ok.jsp 页面的代码如下：

```
response.sendRedirect("login_ok.jsp");
```

在 JSP 页面中，使用 response 对象中的 sendError()方法指明一个错误状态。该方法接收一个错误以及一条可选的错误消息，该消息将在内容主体上返回给客户。

例如，代码 response.sendError(500, "请求页面存在错误")将客户请求重定向到一个在内容主体上包含了出错消息的出错页面。

【例 4-7】通过 response 对象重定向网页。

使用 response 对象的相关方法重定向网页，完成一个用户登录。在页面 4-7.jsp 中输入用户名和密码，如图 4-8(a)所示，提交给页面 4-7-deal.jsp 进行处理，如果检测到用户名是 Admin，密码是 123，则重定向到成功登录页面 4-7-OK.jsp，如图 4-8(b)所示；否则向客户端发送错误信息，如图 4-8(c)所示。

(a) 登录页面　　　　　　(b) 登录成功页面　　　　　　(c) 登录失败页面

图 4-8　通过 response 对象重定向网页

源程序如下：

```
<!--4-7.jsp-->
<%@ page contentType="text/html; charset=gb2312" %>
```

```
<html>
<head><title>用户登录</title></head>
<body>
<form name="form1" method="post" action="4-7-deal.jsp">
    用户名: <input name="user" type="text" /><br>
    密  码: <input name="pwd" type="password" /><br>
    <input type="submit" value="提交" />
    <input type="reset" value="重置" />
</form>
</body>
</html>


<!--4-7-deal.jsp-->
<%@ page contentType="text/html; charset=gb2312" %>
<html>
<head><title>处理结果</title></head>
<body>
<%
request.setCharacterEncoding("gb2312");
String user = request.getParameter("user");
String pwd = request.getParameter("pwd");
if(user.equals("Admin") && pwd.equals("123")) {
    response.sendRedirect("4-7-OK.jsp");
} else {
    response.sendError(500, "请输入正确的用户名和密码！！");
}
%>
</body>
</html>


<!--4-7-OK.jsp-->
<%@ page contentType="text/html; charset=gb2312" %>
<html>
<head><title>处理结果</title></head>
<body>
登录成功，欢迎光临！
</body>
</html>
```

4.3.3　设置页面自动刷新以及定时跳转

response 对象的 setHeader()方法用于设置指定名字的 Http 文件头的值，如果该值已经存在，则新值会覆盖旧值。最常用的一个头信息是 refresh，用于设置刷新或者跳转。

(1) 实现页面一秒钟刷新一次，设置语句如下：

```
response.setHeader("refresh", "1");
```

(2) 实现页面定时跳转，如 2 秒钟后自动跳转到 URL 所指的页面，设置语句如下：

```
response.setHeader("refresh", "2:URL=页面名称");
```

【例 4-8】用 response 对象自动刷新客户页面，实现秒表的功能。文件名为 4-8.jsp，运行结果如图 4-9 所示。

图 4-9　用 response 对象自动刷新客户页面

源程序如下：

```
<!--4-8.jsp-->
<%@ page contentType="text/html;charset=GBK"%>
<%@ page import="java.util.*"%>
<html>
<head><title>response 对象设置页面自动刷新</title></head>
<body>
<h2>response 对象设置页面自动刷新</h2>
<font size="5" color=blue>数字时钟</font><br><br>
<font size="3" color=blue>现在时刻：<br>
<%
response.setHeader("refresh", "1");
int y, m, d, h, mm, s;
Calendar c = Calendar.getInstance();
y = c.get(Calendar.YEAR);            //年
m = c.get(Calendar.MONTH) + 1;       //月
d = c.get(Calendar.DAY_OF_MONTH);    //日
h = c.get(Calendar.HOUR); //时(HOUR: 十二小时制; HOUR_OF_DAY: 二十四小时制)
mm = c.get(Calendar.MINUTE);         //分
s = c.get(Calendar.SECOND);          //分
out.println(
  y + "年" + m + "月" + d + "日<br>" + h + "时" + mm + "分" + s + "秒");
%>
</font>
</body>
</html>
```

4.3.4　配置缓冲区

缓冲可以更加有效地在服务器与客户之间传输内容。HttpServletResponse 对象为支持 jspWriter 对象而启用了缓冲区配置。

【例 4-9】用 response 对象配置缓冲区。使用 response 对象的相关方法输出缓冲区的大小，并测试强制将缓冲区的内容发送给客户，运行结果如图 4-10 所示。

图 4-10　用 response 对象配置缓冲区

源程序如下：

```
<!--4-9.jsp-->
<%@ page contentType="text/html;charset=gb2312"%>
<html>
<head><title>response 对象配置缓冲区</title></head>
<body>
<h2>response 对象配置缓冲区</h2>
<%
out.print("缓冲区大小: " + response.getBufferSize() + "<br>");
out.print("缓冲区内容强制提交前<br>");
out.print("输出内容是否提交: " + response.isCommitted() + "<br>");
response.flushBuffer();
out.print("缓冲区内容强制提交后<br>");
out.print("输出内容是否提交: " + response.isCommitted() + "<br>");
%>
</body>
</html>
```

4.4　out 对象

out 对象是一个输出流，用来向客户端输出数据，可以是各种数据类型的内容，同时，它还可以管理应用服务器上的输出缓冲区，缓冲区的默认值一般是 8KB，可以通过页面指令 page 来改变默认值。out 对象是一个继承自抽象类 javax.servlet.jsp.JspWriter 的实例，在实际应用上，out 对象会通过 JSP 容器变换为 java.io.PrintWriter 类的对象。

在使用 out 对象输出数据时，可以对数据缓冲区进行操作，及时清除缓冲区中的残余数据，为其他的输出让出缓冲空间。待数据输出完毕后，要及时关闭输出流。

表 4-4 列出了 out 对象常用的方法。

表 4-4　out 对象的常用方法

方　法	说　明
void print(各种数据类型)	将指定类型的数据输出到 HTTP 流，不换行
void println(各种数据类型)	将指定类型的数据输出到 HTTP 流，并输出一个换行符
void newLine()	输出换行字符

方 法	说 明
void flush()	输出缓冲区数据
void close()	关闭输出流
void clear()	清除缓冲区中的数据，但不输出到客户端
void clearBuffer()	清除缓冲区中的数据，输出到客户端
int getBufferSize()	获得缓冲区大小，如不设缓冲区，则为 0(单位是 KB)
int getRemaining()	获得缓冲区中没有被占用的空间
boolean isAutoFlush()	当缓冲区满时，是否为自动输出

下面来重点介绍 out 对象的应用。

4.4.1　向客户端输出数据

在使用 print()或 println()方法向客户端输出时，由于客户端是浏览器，因此可以使用 HTML 中的一些标记控制输出格式。

例如：

```
out.println("<font color=red>Hello</font>");
```

4.4.2　管理输出缓冲区

默认情况下，服务端要输出到客户端的内容，不直接写到客户端，而是先写到一个输出缓冲区中。使用 out 对象的 getBufferSize()方法取得当前缓冲区的大小(单位是 KB)，使用 getRemaining()方法取得当前使用后还剩余的缓冲区的大小(单位是 KB)。JSP 只有在下面 3 种情况下，才会把缓冲区的内容输出到客户端上：

(1)　该 JSP 网页已完成信息的输出。

(2)　输出缓冲区已满。

(3)　JSP 中调用了 out.flush()或 response.flushBuffer()。

另外，调用 out 对象的 clear()方法，可以清除缓冲区的内容，类似于重置响应流，以便重新开始操作。如果响应已经提交，则会产生 IOException 异常。此外，另一个种方法 clearBuffer()可以清除缓冲区的"当前"内容，而且即使内容已经提交给客户端，也能够访问该方法。

【例 4-10】用 out 对象管理输出缓冲区。文件名为 4-10.jsp。源程序如下：

```
<!--4-10.jsp-->
<%@page contentType="text/html;charset=gb2312"%>
<html>
<head><title>out 对象管理输出缓冲区</title></head>
<body>
<h2>out 对象管理输出缓冲区</h2>
<%out.println("学习使用 out 对象管理输出缓冲区:<br>");%><br>
缓存大小: <%=out.getBufferSize()%><br>
```

```
剩余缓存大小：<%=out.getRemaining()%><br>
是否自动刷新：<%=out.isAutoFlush()%><br>
</body>
</html>
```

运行实例，结果如图 4-11 所示。

图 4-11   用 out 对象管理输出缓冲区

4.5   session 对象

客户与服务器之间的通信是通过 HTTP 协议完成的。但是，HTTP 协议是一种无状态的协议，即当客户向服务器发出请求，服务器接收请求并返回响应后，该连接就被关闭了，此时，服务器端不保留连接的有关信息，要想记住客户的连接信息，JSP 提供了 session 对象，用于记录每个客户与服务器的连接信息。用户登录网站时，系统将为其生成一个独一无二的 session 对象，用以记录该用户的个人信息。一旦用户退出网站，那么，所对应的 session 对象将被注销。session 对象可以绑定若干个用户信息或者 JSP 对象，不同的 session 对象的同名变量是不会相互干扰的。

session 的中文含义是"会话"的意思。会话指的是一个用户从客户端打开 IE 浏览器并连接到服务器端开始，一直到该用户关闭 IE 浏览器为止的这段时期。session 对象用于存贮该用户整个会话过程中的状态信息。

当用户首次访问服务器上的一个 JSP 页面时，JSP 引擎便产生一个 session 对象，同时分配一个 String 类型的 id 号，JSP 引擎同时将这个 id 号发送到客户端，存放在 Cookie 中，这样，session 对象和客户端之间就建立了一一对应的关系。当用户再次访问该服务器的其他页面时，不再分配给用户新的 session 对象，直到用户关闭浏览器，或者在一定时间内(系统默认在 30 分钟内，但可在编写程序时，修改这个时间限定值或者显式地结束一个会话)，客户端不向服务器发出应答请求，服务器端该用户的 session 对象才取消，与用户的会话对应关系消失。当用户重新打开浏览器，再次连接到该服务器时，服务器为该用户再创建一个新的 session 对象。

session 对象保存的是每个用户专用的私有信息，可以是与客户端有关的，也可以是一般信息，这可以根据需要设定相应的内容，并且所保存的信息在当前 session 属性范围内是共享的。

表 4-5 列出了 session 对象的常用方法。

表 4-5　session 对象的常用方法

方　法	说　明
Object getAttribute(String name)	获取指定名字的属性
Enumeration getAttributeNames()	获取 session 中全部属性名字，一个枚举
long getCreationTime()	返回 session 的创建时间，单位：毫秒
public String getId()	返回 session 创建时 JSP 引擎为它设的唯一 ID 号
long getLastAccessedTime()	返回此 session 中客户端最近一次请求的时间。由 1970-01-01 算起，单位是毫秒。使用这个方法，可以判断某个用户在站点上一共停留了多少时间
int getMaxInactiveInterval()	返回两次请求间隔多长时间此 session 被销毁（单位：秒）
void setMaxInactiveInterval(int interval)	设置两次请求间隔多长时间此 session 被销毁（单位：秒）
void invalidate()	销毁 session 对象
boolean isNew()	判断请求是否会产生新的 session 对象
void removeAttribute(String name)	删除指定名字的属性
void setAttribute(String name, String value)	设定指定名字的属性值

使用 session 对象在不同的 JSP 文件(整个客户会话过程，即 session scope)中保存属性信息，比如用户名、验证信息等，最为典型的应用是实现网上商店购物车的信息存储。下面来重点介绍 session 对象的应用。

4.5.1　创建及获取客户会话属性

JSP 页面可以将任何对象作为属性来保存。使用 setAttribute()方法设置指定名称的属性值，并将其存储在 session 对象中，使用 getAttribute()方法获取与指定名字 name 相联系的属性。语法格式如下：

```
session.setAttribute(String name, String value);
 //参数 name 为属性名称，value 为属性值
session.getAttribute(String name); //参数 name 为属性名称
```

【例 4-11】用 session 对象创建及获取会话属性。通过 session 对象的 setAttribute()方法，将数据保存在 session 对象中，并通过 getAttribute()方法取得数据的值。源程序如下：

```
<!--4-11.jsp-->
<%@ page language="java" import="java.util.*" pageEncoding="gb2312"%>
<html>
<head><title>session 对象创建及获取客户会话属性</title></head>
<body>
    session 的创建时间:
    <%=new Date(session.getCreationTime()).toLocaleString()%><br>
    session 的 Id 号:<%=session.getId()%><br><hr>
```

```
当前时间: <%=new Date().toLocaleString()%><br>
该 session 是新创建的吗? :<%=session.isNew()? "是" : "否" %><br><hr>
<%
session.setAttribute("info", "您好，我们正在使用 session 对象传递数据！");
%>
已向 Session 中保存数据，请单击下面的链接将页面重定向到 4-11-1.jsp
<a href="4-11-1.jsp">请按这里</a>
</body>
</html>
```

4-11-1.jsp 与 4-11.jsp 的代码基本相同，不同的是获取 session 对象中的属性值，重要代码如下：

```
获取 session 中的数据为: <br>
<%=session.getAttribute("info") %>
```

运行实例，结果如图 4-12(a)所示，单击超链接"请按这里"，进入如图 4-12(b)所示的页面。

(a) 页面 4-11.jsp 的运行结果　　　　　　　(b) 页面 4-11-1.jsp 的运行结果

图 4-12　用 session 对象创建及获取会话属性

4.5.2　从会话中移除指定的对象

JSP 页面可以将任何已经保存的对象进行部分或者全部移除。使用 removeAttribute()方法，将所指定名称的对象移除，也就是说，从这个会话删除与指定名称绑定的对象。使用 invalidate()方法，可以将会话中的全部内容删除。

语法格式如下：

```
session.removeAttribute(String name);
  //参数 name 为 session 对象的属性名，代表要移除的对象名
session.invalidate();
  //把保存的所有对象全部删除
```

【例 4-12】用 session 对象从会话中移除指定的对象。继续沿用例 4-11 中的 4-11.jsp 页面，并且改造 4-11-1.jsp，在文件底部添加代码如下：

```
移除 session 中的数据后: <br>
<%
session.removeAttribute("info");
if(session.getAttribute("info") == null) {
```

```
    out.println("session 对象 info 已经不存在了");
} else {
    out.println(session.getAttribute("info"));
}
%>
```

运行实例，单击"请按这里"超链接后，将会显示如图 4-13 所示的页面。

图 4-13　用 session 对象从会话中移除指定的对象

4.5.3　设置会话时限

当某一客户与 Web 应用程序之间处于非活动状态时，并不以显式的方式通知服务器，所以，在 Servlet 程序或 JSP 文件中，做超时设置是确保客户会话终止的唯一方法。

Servlet 程序容器设置一个超时时长，当客户非活动的时间超出了时长的大小时，JSP 容器将使 session 对象无效，并撤消所有属性的绑定，这样，就清除了客户申请的资源，从而实现了会话生命周期的管理。

session 对象用于管理会话生命周期的方法有 getLastAccessedTime()、getMaxInactiveInterval() 和 setMaxInactiveInterval(int interval)。

【例 4-13】为 session 对象设置会话时限。首先输出 session 对象默认的有效时间，然后设置为 5 分钟，并输出新设置的有效时间。

源程序如下：

```
<!--4-13.jsp-->
<%@ page language="java" pageEncoding="gb2312"%>
<html>
<head>
    <title>session 对象设置会话时限</title>
</head>
<body>
    session 对象默认的有效时间：<%=session.getMaxInactiveInterval()%>秒<br>
    <%session.setMaxInactiveInterval(60*5);//设置 session 的有效时间为 5 分钟%>
    已经将 session 有效时间修改为：<%=session.getMaxInactiveInterval()%>秒
</body>
</html>
```

运行实例，结果如图 4-14 所示。

图 4-14　为 session 对象设置会话时限

4.6　application 对象

　　application 对象用于保存应用程序中的公用数据。服务器启动并且自动创建 application 对象后，只要没有关闭服务器，application 对象将一直存在，所有用户可以共享 application 对象。与 session 对象的区别是，所有用户的 application 对象都是相同的一个对象，即共享这个内置的 application 对象；而 session 对象是与用户会话相关的，不同用户的 session 是完全不同的对象。

　　application 对象是 javax.servle.ServletContext 类的实例，这有助于查找有关 Servlet 引擎和 Servlet 环境的信息。它的生命周期是从服务器启动到服务器关闭。在此期间，对象将一直存在；这样，在用户的前后连接或不同用户之间的连接中，可以对此对象的同一属性进行操作；在任何地方对此对象属性的操作，都将影响到其他用户对此的访问。

　　表 4-6 列出了 application 对象的常用方法。

表 4-6　application 对象的常用方法

方　　法	说　　明
Object getAttribute(String name)	获取应用对象中指定名字的属性值
Enumeration getAttributeNames()	获取应用对象中所有属性的名字，一个枚举
void setAttribute(String name, Object obj)	设置应用对象中指定名字的属性值
void removeAttribute(String name)	删除一属性及其属性值
String getServerInfo()	返回 JSP(Servlet)引擎名及版本号
String getRealPath(String path)	返回一个虚拟路径的真实路径
URL getResource(String path)	返回指定资源(文件及目录)的 URL 路径
int getMajorVersion()	返回服务器支持的 Servlet API 最大版本号
int getMinorVersion()	返回服务器支持的 Servlet API 最小版本号

　　下面来重点介绍 application 对象的应用。

4.6.1　查找 Servlet 有关的属性信息

　　【例 4-14】利用 application 对象查找 Servlet 有关的属性信息，包括 Servlet 的引擎名及版本号、服务器支持的 Servlet API 的最大和最小版本号、指定资源的路径等。文件名为 4-14.jsp，源程序如下：

```
<!--4-14.jsp-->
<%@ page contentType="text/html;charset=gb2312"%>
<html>
<head>
    <title>application 对象查找 servlet 有关的属性信息</title>
<head>
<body>
    JSP(SERVLET)引擎名及版本号：
      <%=application.getServerInfo()%><br>
    服务器支持的 Servlet API 的最大版本号：
      <%=application.getMajorVersion()%><br>
    服务器支持的 Servlet API 的最小版本号：
      <%=application.getMinorVersion()%><br>
    指定资源(文件及目录)的 URL 路径：
      <%=application.getResource("/4-14.jsp")%><br>
    返回/4-14.jsp 虚拟路径的真实路径：
      <%=application.getRealPath("/4-14.jsp")%>
</body>
</html>
```

运行实例，结果如图 4-15 所示。

图 4-15　利用 application 对象查找 Servlet 有关的属性信息

4.6.2　管理应用程序属性

application 对象虽然与 session 对象相同，都可以设置属性，但是，属性的有效范围是不同的。在 session 中，设置的属性只是在当前客户的会话范围内(即 session scope)有效，客户超过预期时间不发送请求时，session 对象将被回收；而在 application 中设置的属性在整个应用程序范围内(即 application scope)是有效的，即使所有的用户都不发送请求，只要不关闭应用服务器，在其中设置的属性也是有效的。

【例 4-15】以 application 对象管理应用程序属性。用 application 对象的 setAttribute() 和 getAttribute()方法实现网页计数器功能。文件名为 4-15.jsp，源程序如下：

```
<!--4-15.jsp-->
<%@ page contentType="text/html;charset=gb2312"%>
<html>
<head>
    <title>application 对象实现网页计数器</title>
<head>
```

```
<body>

<%
int n = 0;
if(application.getAttribute("num") == null)
    n = 1;
else {
    String str = application.getAttribute("num").toString();
        //getAttribute("num")返回的是 Object 类型
    n = Integer.parseInt(str) + 1;
}
application.setAttribute("num", n);
out.println("您是第" + application.getAttribute("num") + "位访问者");
%>

</body>
</html>
```

运行实例，结果如图 4-16 所示。

图 4-16　以 application 对象管理应用程序属性

4.7　其他内置对象

4.7.1　pageContext 对象

pageContext 对象，即页面上下文对象，是一个比较特殊的对象，提供了所有关于 JSP 程序执行时所需要用到的属性和方法，如 session、application、config、out 等对象的属性，也就是说，它可以访问到本页所在的 session，也可以取本页所在的 application 的某一属性值，它相当于页面中所有其他对象功能的集大成者，可以用它访问到本页中所有的其他对象。

pageContext 对象是 javax.servlet.jsp.pageContext 类的一个实例，它的创建和初始化都是由容器来完成的，JSP 页面里可以直接使用 pageContext 对象的句柄，pageContext 对象的 getXxx()、setXxx()和 findXxx()方法可以用来根据不同的对象范围实现对这些对象的管理。表 4-7 列出了 pageContext 对象的常用方法。

pageContext 对象的主要作用是提供一个单一界面，以管理各种公开对象(如 session、application、config、request、response 等)，提供一个单一的 API 来管理对象和属性。

表 4-7 pageContext 对象的常用方法

方　　法	说　　明
void forward(String relativeUrlPath)	把页面转发到另一个页面或者 Servlet 组件上
Exception getException()	返回当前的 Exception 对象
ServletRequest getRequest()	返回当前的 request 对象
ServletResponse getResponse()	返回当前的 response 对象
ServletConfig getServletConfig()	返回当前页面的 ServletConfig 对象
HttpSession getSession()	返回当前的 session 对象
Object getPage()	返回当前页的 page 对象
ServletContext getServletContext()	返回当前页的 application 对象
public Object getAttribute(String name)	获取属性的值
Object getAttribute(String name, int scope)	在指定范围内获取属性的值
void setAttribute(String name, Object attribute)	设置属性及属性值
void setAttribute(String name, Object obj, int scope)	在指定范围内设置属性及属性值
void removeAttribute(String name)	删除某属性
void removeAttribute(String name, int scope)	在指定范围删除某属性
void invalidate()	返回 servletContext 对象，全部销毁

【例 4-16】通过 pageContext 对象取得不同范围的属性值。文件名为 4-16.jsp，源程序如下：

```
<!--4-16.jsp-->
<%@page contentType="text/html;charset=gb2312"%>
<html>
<head>
    <title>pageContext 对象获取不同范围属性</title>
</head>
<body>
<%
request.setAttribute("info", "value of request scope");
session.setAttribute("info", "value of session scope");
application.setAttribute("info", "value of application scope");
%>
利用 pageContext 取出以下范围内各值(方法一)：<br>
request 设定的值：<%=pageContext.getRequest().getAttribute("info")%><br>
session 设定的值：<%=pageContext.getSession().getAttribute("info")%><br>
application 设定的值：
  <%=pageContext.getServletContext().getAttribute("info")%><hr>
利用 pageContext 取出以下范围内各值(方法二)：<br>
范围 1(page)内的值：<%=pageContext.getAttribute("info", 1)%><br>
范围 2(request)内的值：<%=pageContext.getAttribute("info", 2)%><br>
范围 3(session)内的值：<%=pageContext.getAttribute("info", 3)%><br>
范围 4(application)内的值：<%=pageContext.getAttribute("info", 4)%><hr>
利用 pageContext 修改或删除某个范围内的值：<br>
```

```
<%pageContext.setAttribute("info",
  "value of request scope is modified by pageContext",2);%>
修改 request 设定的值:
  <%=pageContext.getRequest().getAttribute("info")%><br>
  <%pageContext.removeAttribute("info", 3);%>
删除 session 设定的值: <%=session.getAttribute("info")%>

</body>
</html>
```

运行实例,结果如图 4-17 所示。

图 4-17　通过 pageContext 对象取得不同范围的属性值

说明:　pageContext 对象在实际 JSP 开发过程中很少使用,因为 request 和 response
等对象可以直接调用方法进行使用,如果通过 pageContext 来调用其他对
象,会觉得有些麻烦。

4.7.2　page 对象

page 对象是为了执行当前页面应答请求而设置的 Servlet 类的实体,即显示 JSP 页面
自身,与类中的 this 指针类似,使用它来调用 Servlet 类中所定义的方法,只有在本页面内
才是合法的。它是 java.lang.Object 类的实例,对于开发 JSP 比较有用。

表 4-8 列出了 page 对象常用的方法。

表 4-8　page 对象的常用方法

方　法	说　明
class getClass()	返回当前 Object 的类
int hashCode()	返回 Object 的 hash 代码
String toString()	把 Object 对象转换成 String 类的对象
boolean equals(Object obj)	比较对象和指定的对象是否相等
void copy(Object obj)	把对象拷贝到指定的对象中去
Object clone()	对对象进行克隆

【例 4-17】page 对象的应用。用 page 对象返回当前页面的信息。文件名为 4-17.jsp，源程序如下：

```
<!--4-17.jsp-->
<%@ page contentType="text/html;charset=gb2312" import="java.lang.Object"%>
<html>
<body>
    <h2>page 对象应用</h2>
    <%!Object obj;%>
    返回当前页面所在类 : <%=page.getClass()%><br>
    返回当前页面的 hash 代码 : <%=page.hashCode()%><br>
    转换成 String 类的对象 : <%=page.toString()%><br>
    比较 1 : <%=page.equals(obj) %><br>
    比较 2 : <%=page.equals(this)%>
</body>
</html>
```

运行实例，结果如图 4-18 所示。

图 4-18　page 对象的应用

4.7.3　config 对象

config 对象是 javax.servlet.ServletConfig 类的实例，表示 Servlet 的配置信息。当一个 Servlet 初始化时，容器把某些信息通过此对象传递给这个 Servlet，这些信息包括 Servlet 初始化时所要用到的参数(通过属性名和属性值构成)以及服务器的有关信息(通过传递一个 ServletContext 对象)，config 对象的范围是本页。开发者可以在 web.xml 文件中为应用程序环境中的 Servlet 程序和 JSP 页面提供初始化参数。

表 4-9 列出了 config 对象的常用方法。

表 4-9　config 对象的常用方法

方　法	说　明
ServletContext getServletContext()	返回所执行的 Servlet 的环境对象
String getServletName()	返回所执行的 Servlet 的名字
String getInitParameter(String name)	返回指定名字的初始参数值
Enumeration getInitParameterNames()	返回该 JSP 中所有的初始参数名，一个枚举

4.8　实训四：简易购物网站

1．实训目的

掌握内置对象的综合运用。

2．实训内容(一)

建立一个简易购物网站，包括登录页面、商品选择页面和结账页面。要求如下。

(1) 在登录页面中，顾客输入基本信息后，可以进入百货商店，即商品选择页面，如图 4-19(a)所示。

(2) 在商品选择页面，输出欢迎信息，并以复选框的形式列出所有商品供用户选择，提交后，进入结账页面，如图 4-19(b)所示。

(3) 在结账页面，根据顾客类型(VIP 享有八折优惠)，以及所选商品进行汇总处理，最后输出结账信息，如图 4-19(c)所示。

(a) 欢迎页面

(b) 商品选择页面

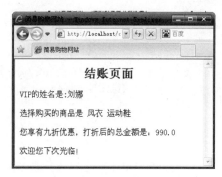

(c) 结账页面

图 4-19　购物网站的页面

3．实验步骤

(1) 创建欢迎页面文件 4-18.jsp，输入以下代码：

```
<!--4-18.jsp-->
<%@ page contentType="text/html;charset=gb2312" %>
```

```
<html>
<head><title>简易购物网站</title></head>
<BODY>
<center><h2>登录页面</h2></center>
<P>输入您的个人信息：
<FORM action="4-18-shop.jsp" method=post name=form>
    <INPUT type="text" name="user"><br><br>
    <INPUT type="radio" name="Kind" value="普通会员" checked=true>普通会员
    <INPUT type="radio" name="Kind" value="VIP">VIP(享有九折优惠)<br><br>
    <INPUT TYPE="submit" value="进入商店" name=submit>
</FORM>
</BODY>
</HTML>
```

(2) 创建商品选择页面文件 4-18-shop.jsp，输入以下代码：

```
<!--4-18-shop.jsp-->
<%@ page contentType="text/html;charset=gb2312" %>
<html>
<head>
    <title>简易购物网站</title></head>
<BODY>
<center><h2>商品选择页面</h2></center>
<%
request.setCharacterEncoding("gb2312"); //处理中文乱码
String s = request.getParameter("user");
session.setAttribute("name", s);
String k = request.getParameter("Kind");
session.setAttribute("kind", k);
out.println("欢迎" + k + ":" + s + "来到本网站购物！");
%>
<P>请选择要购买的商品：
<FORM action="4-18-account.jsp" method=post name=form>
    <input name="Goods" type="checkbox" value="风衣">风衣 500
    <input name="Goods" type="checkbox" value="牛仔裤">牛仔裤 400
    <input name="Goods" type="checkbox" value="运动鞋">运动鞋 600<br><br>
    <INPUT TYPE="submit" value="去结账" name=submit>
</FORM>
</BODY>
</HTML>
```

(3) 创建结账页面文件 4-18-account.jsp，输入以下代码：

```
<!--4-18-account.jsp-->
<%@ page contentType="text/html;charset=gb2312" %>
<html>
<head><title>简易购物网站</title></head>
<BODY>
<center><h2>结账页面</h2></center>
<%
request.setCharacterEncoding("gb2312");
String inst[] = request.getParameterValues("Goods");
```

```
session.setAttribute("goodsN", inst.length);
for(int i=0;i<inst.length;i++)
{
    session.setAttribute("goods" + i, inst[i]);
}
String customerKind = (String)session.getAttribute("kind");
String customerName = (String)session.getAttribute("name");
Double sum = 0.0;
String customerGoods = "";
String Info = "";
int num =
  Integer.parseInt(String.valueOf(session.getAttribute("goodsN")));
for(int i=0; i<num; i++)
{
    customerGoods += session.getAttribute("goods" + i) + "  ";
    if(String.valueOf(session.getAttribute("goods"+i)).equals("风衣"))
        sum += 500;
    else if(
      String.valueOf(session.getAttribute("goods"+i)).equals("牛仔裤"))
        sum += 400;
    else
        sum += 600;
}
if(customerKind.equals("VIP"))
{
    sum = sum * 0.9;
    Info = "您享有九折优惠，打折后的总金额是：";
}
else
    Info = "总金额是：";
%>
<P> <%=customerKind%>的姓名是:<%=customerName%>
<P>选择购买的商品是 <%=customerGoods%>
<P> <%=Info%><%=sum%>
<P>欢迎您下次光临!
</BODY>
</HTML>
```

4．实训内容(二)

建立一个在线投票网站，包括用户登录、投票页面，页头、页尾和明星个人简介等页面。具体要求如下。

(1) 在登录页面输入用户名，单击"去投票"按钮，即可进入投票页面，如果用户名为空，会重新转到登录页面。如图 4-20(a)所示。

(2) 在投票页面，输出该用户的欢迎信息和查看各个明星当前所得票数，还可通过个人简介超链接去查看各个明星的详细信息，通过表单提交或者单击超链接两种方式进行投票，并只允许投票一次。如图 4-20(b)所示。

JSP 编程技术

(a) 注册页面   (b) 投票页面

图 4-20 在线投票网站的页面

5. 实验步骤

(1) 创建登录页面文件 4-19.jsp，输入以下代码：

```
<!--4-19.jsp-->
<%@ page language="java" contentType="text/html; charset=gb2312"%>
<html>
<head><title>2016 最红美女明星</title></head>
<body BGCOLOR="#FFC78E">
<%@include file="4-19-top.jsp" %>
<center>
<h2>登录页面</h2>
提示：只有输入用户名，才可以投票哦！！<br><br>
<%
if(session.getAttribute("error") != null)
    out.println(
      "<font color=red>" + session.getAttribute("error") + "</font>");
%>
<form name="form1" method="post" action="4-19-vote.jsp">
    用户名：<input name="username" type="text"/><br><br>
    <input type="submit" name="Submit" value="去投票" />
</form>
<%@include file="4-19-end.jsp" %>
</body>
</html>
```

(2) 创建投票页面文件 4-19-vote.jsp，输入以下代码：

```
<!--4-19-vote.jsp-->
<%@ page language="java" contentType="text/html; charset=gb2312"%>
<html>
<head><title>2016 最红美女明星</title></head>
<body BGCOLOR="#FFC78E">
<%@include file="4-19-top.jsp" %>
<center>
<h2>投票页面</h2>
<%
```

```
//request.setCharacterEncoding("gb2312"); //无法解决查询字符串中所带中文参数值
String user = request.getParameter("username");
String ch_user = "";
if((user!=null) && (!user.isEmpty()))
{
    ch_user = new String(user.getBytes("ISO-8859-1")); //处理中文乱码
    out.println("欢迎" + ch_user + "来投票! <br><br>");
    String Vote;
    int Counter1, Counter2, Counter3;
    if (application.getAttribute("Counter1") == null)
        application.setAttribute("Counter1", 0);
    if (application.getAttribute("Counter2") == null)
        application.setAttribute("Counter2", 0);
    if (application.getAttribute("Counter3") == null)
        application.setAttribute("Counter3", 0);
    if (session.getAttribute("hhh") == null) //为了确保每一个用户只能投票一次
    {
        Vote = request.getParameter("vote"); //读取浏览者所票选的明星是谁
        //读取三个明星的票数
        Counter1 = Integer.parseInt(
          String.valueOf(application.getAttribute("Counter1")));
        Counter2 = Integer.parseInt(
          String.valueOf(application.getAttribute("Counter2")));
        Counter3 = Integer.parseInt(
          String.valueOf(application.getAttribute("Counter3")));
        if(Vote != null)
          if (Vote.equals("star1"))   //检查浏览者是否票选第一个明星
          {
              Counter1 = Counter1 + 1;      //将所票选的明星票数加1
              application.setAttribute("Counter1", Counter1);
                //写入新的票数
              session.setAttribute("hhh", ""); //标识该用户已经投过票
          }
          else if (Vote.equals("star2"))    //检查浏览者是否票选第二个明星
          {
              Counter2 = Counter2 + 1;      //将所票选的明星票数加1
              application.setAttribute("Counter2", Counter2);
                //写入新的票数
              session.setAttribute("hhh", ""); //标识该用户已经投过票
          }
          else if (Vote.equals("star3"))    //检查浏览者是否票选第三个明星
          {
              Counter3 = Counter3 + 1;      //将所票选的明星票数加1
              application.setAttribute("Counter3", Counter3);
                //写入新的票数
              session.setAttribute("hhh", ""); //标识该用户已经投过票
          }
    }
}
else {
```

```
        session.setAttribute("error", "请输入用户名再进行投票！");
        response.sendRedirect("4-19.jsp");
    }
%>
您心中哪一位才是 2016 最红美女明星呢？您只能投一票哦，两种投票方法任选！<br>
<form name="form1" method="post"
  action="4-19-vote.jsp?username=<%=ch_user%>">
    <input type="radio" name="vote" value="star1">刘诗诗
    <input type="radio" name="vote" value="star2">杨幂
    <input type="radio" name="vote" value="star3">赵丽颖
    <input type="submit" name="Submit" value="提交">
</form>
<TABLE cellspacing=20 bordercolor="yellow">
    <TR>
        <TD>
            <img src="images/star1.JPG" height=120 width=120 BORDER="0">
        </TD>
        <TD>
            <img src="images/star2.JPG" height=120 width=120 BORDER="0">
        </TD>
        <TD>
            <img src="images/star3.JPG" height=120 width=120 BORDER="0">
        </TD>
    </TR>
    <TR>
        <TD style="height: 20px">
            <A HREF="4-19-star1.html">刘诗诗个人简介</A>
        </TD>
        <TD style="height: 20px">
            <A HREF="4-19-star2.html">杨幂个人简介</A>
        </TD>
        <TD style="height: 20px">
            <A HREF="4-19-star3.html">赵丽颖个人简介</A>
        </TD>
    </TR>
    <TR>
        <TD style="height: 20px">
            刘诗诗得票数：<%=application.getAttribute("Counter1")%>
        </TD>
        <TD style="height: 20px">
            杨幂得票数：<%=application.getAttribute("Counter2")%>
        </TD>
        <TD style="height: 20px">
            赵丽颖得票数：<%=application.getAttribute("Counter3")%>
        </TD>
    </TR>
    <TR>
        <TD>
            <A HREF="4-19-vote.jsp?vote=star1&username=<%=ch_user%>">
            投她一票</A>
```

```
        </TD>
        <TD>
           <A HREF="4-19-vote.jsp?vote=star2&username=<%=ch_user%>">
           投她一票</A>
        </TD>
        <TD>
           <A HREF="4-19-vote.jsp?vote=star3&username=<%=ch_user%>">
           投她一票</A>
        </TD>
    </TR>
</TABLE>
<%@include file="4-19-end.jsp" %>
</center>
</body>
</html>
```

其他页面比较简单，这里不再给出代码。本实例旨在综合运用内置对象，要想对注册名进行是否投过票的验证，还须借助于数据库方面的知识。

4.9　本章小结

本章学习了 JSP 内置对象的应用，通过这些对象，可以实现很多常用的页面处理功能。例如，使用 request 对象可以处理客户端浏览器提交的请求中的各项参数，最常用的功能是获取访问请求参数；使用 response 对象可以响应客户请求，最常用的功能是重定向网页；out 对象用来向客户端输出各种数据类型的内容，最常用的功能是向页面中输出信息；使用 session 对象可以处理客户的会话，最常用的功能是保存客户信息或实现购物车；使用 application 对象可以保存所有应用程序中的公有数据，最常用的功能是实现网页计数器或聊天室。通过学习本章，读者完全可以开发出简易的聊天室、留言簿、购物车等程序。

练习与提高(四)

1. 选择题

(1) JSP 中为内部对象定义了 4 种属性保存范围，即 application scope、session scope、page scope 和(　　)。

　　A. request scope　　　　　　　　B. response scope

　　C. out scope　　　　　　　　　　D. writer scope

(2) 可以利用 request 对象的哪个方法获取客户端的表单信息? (　　)

　　A. request.getParameter()　　　　B. request.outParameter()

　　C. request.writeParameter()　　　D. request.handlerParameter()

(3) out 对象是一个输出流，其输出各种类型数据并换行的方法是(　　)。

　　A. out.print()　　　　　　　　　B. out.newLine()

　　C. out.println()　　　　　　　　D. out.write()

(4) 下面不属于 JSP 内部对象的是(　　)。

    A. out   B. response

    C. application   D. date

(5) Form 表单的 method 属性能取下列哪项的值?(　　)

    A. submit   B. puts

    C. post   D. out

(6) 用 getCreationTime()可获取 session 对象创建的时间，该时间的单位是(　　)。

    A. 秒   B. 分秒

    C. 毫秒   D. 微秒

(7) 可以用 JSP 动态改变客户端的响应，使用的语法是(　　)。

    A. response.setHeader()   B. response.outHeader()

    C. response.writeHeader()   D. response.handlerHeader()

(8) 用于存储每一个用户的状态信息，以便于识别每个用户，跟踪用户的会话状态，直到客户端与服务器断开连接为止的对象是(　　)。

    A. session   B. request

    C. application   D. cookie

(9) 用 request 的方法获取 Form 中的元素时，默认情况下字符编码是哪个?(　　)

    A. ISO-8859-1   B. GB2312

    C. GB3000   D. ISO-8259-1

(10) 下面设置 session 的语句正确的是(　　)。

    A. session.setAttribute("a", "a")   B. session.setAttribute("a")

    C. session("a")   D. session ("a", "a")

(11) session 对象一般在服务器上设置了(　　)的过期时间，当客户停止活动超过该时间后，session 对象自动失效。

    A. 30 分钟   B. 20 分钟

    C. 10 分钟   D. 40 分钟

(12) request 对象的 getRemoteAddr()方法用来获取(　　)。

    A. 服务器端主机名称   B. 服务器端主机地址

    C. 客户端主机名称   D. 客户端主机地址

(13) 下面关于 application 正确的描述是(　　)。

    A. application 是面向系统的

    B. application 是面向用户的

    C. 关闭 IE 后，application 则不存在

    D. 所有用户的 application 都不同

(14) 用户若希望将网页上的资料保存下来，可以通过(　　)对象来实现。

    A. request   B. response

    C. out   D. application

2．填空题

(1) 表单标记中的_____属性用于指定处理表单数据程序的 URL 地址。

(2) 客户端请求一个 JSP 页面时，JSP 容器会将请求信息包装在_____对象中。

(3) response.setHeader("Refresh", "5")的含义是指_____。

(4) JSP 的_____对象用来保存单个用户访问时的一些信息。

(5) _____对象将 JSP 处理后的结果传回到客户端(如 Cookie、header 信息等)，它提供了用于将数据送回浏览器的方法。

(6) response 对象的_____方法可以将当前客户端的请求转到其他页面去。

(7) 与 session 对象不同的是，所有用户_____内置的 application 对象。

3．简答题

(1) JSP 中共有几个内部对象，功能分别是什么？

(2) 简述 session 对象和 application 对象的区别。

(3) 有几种方式用于处理表单提交的汉字？

4．实训题

(1) 实现页面每秒钟刷新一次，显示自增变量且增幅为 1。应用 response 对象实现页面自动刷新功能，程序运行结果如图 4-21 所示。

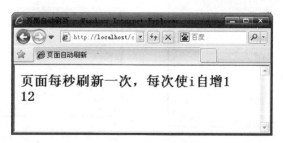

图 4-21　实现页面刷新

(2) 实现页面定时跳转。应用 response 对象实现页面 5 秒钟后自动跳转到上一题的页面，程序运行结果如图 4-22 所示。

图 4-22　实现页面定时跳转

(3) 区别用户的网页计数器。在例 4-15 中应用 application 对象实现的网页计数器存在

着这样的问题：当用户不断刷新页面时，计数器一直累加，不能够有效地反映网站的实际访问量。本题结合 session 对象，来实现区别用户的网页计数器，即只统计新用户，同一用户只计数一次，并输出该用户的 sessionId。程序运行结果如图 4-23 所示。

图 4-23　区别用户的网页计数器

(4) 猜数游戏。系统随机生成一个 1~10 之间的整数，用户输入所猜的值，如图 4-24(a) 所示，提交后，判断系统生成的随机数与用户所猜数之间的大小关系，分别导向猜对、猜大和猜小页面，如图 4-24(b)和 4-24(c)所示。未猜对的情况下提供用户再猜，并且设置重玩和查看答案的链接，答案页面如图 4-24(d)所示。重玩指的是系统重新生成随机数，开始新一轮的游戏。

(a) 猜数游戏

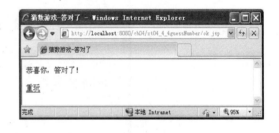

(b) 猜对页面

(c) 猜大页面

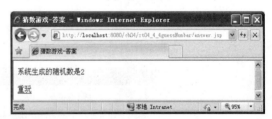

(d) 答案页面

图 4-24　猜数游戏

第 5 章

JavaBean 技术

本章要点

JavaBean 是一种组件技术。在 JSP 页面中，常用 JavaBean 来封装业务逻辑、数据库操作等，JavaBean 是实现 MVC 模式的基础。使用 JavaBean，可以使程序逻辑清晰，可移植性强，系统健壮、灵活。本章重点是学习如何利用 JavaBean 技术开发页面，为后面学习 MVC 模式编程打下基础。

学习目标

1. 理解 JavaBean 的实质。
2. 了解 JavaBean 的种类、规范。
3. 掌握 JavaBean 的创建、访问方法。
4. 掌握 JavaBean 在实例中的应用。
5. 了解 JavaBean 的作用域和生命周期。

5.1 JavaBean 概述

JavaBean 的产生使得 JSP 页面的业务逻辑变得清晰，程序可读性强，它将程序的业务逻辑封装成 JavaBean，即 Java 类中。改变了简单的 JSP 编程模式中 HTML 代码与 Java 代码混乱的编写方式，提高了程序的可维护性和代码的重用性。

5.1.1 JavaBean 简介

在 JSP 网页开发的初级阶段，并没有框架和逻辑分层的概念，只是简单关注着功能如何实现，在实现时，是将 Java 代码嵌入到网页中完成功能的。这种开发模式看似简单，但因为程序中包含着 HTML 代码、JS 代码、CSS 代码、Java 代码等，使得程序结构混乱，阅读、调试困难。同时，界面设计和功能设计由同一人完成，也不利于开发人员进行开发，不能很好地发挥开发人员的长处。

JavaBean 的出现很好地解决了这个问题。确切地说，JavaBean 是一个组件技术，而且是一个可以重复使用的组件。在实际应用中，我们常编写一个组件来实现某种通用功能，这也更符合当今软件开发的理念，即"一次编写、任何地方执行、任何地方重用"，完成使复杂问题简单化的开发过程，即把复杂需求分析、分解成简单的功能模块。这些模块是相对独立的部分，可以重用，为软件开发提供了一个简单、紧凑、优秀的解决方案。

5.1.2 JavaBean 的种类

最初，JavaBean 的出现是为了将可以重复使用的代码进行打包，主要应用在可视化领域，也就是说，在 Java 的图形用户界面程序设计中，实现一些可视化界面设计，如窗体、按钮、文本框等。随着 Java 语言在网络开发方面越来越多地被应用，现在 JavaBean 主要用来封装业务逻辑，完成功能模块的设计。这里并没有可视化的界面，所以常被称为非可

视化领域，并且在服务器端表现出了卓越的性能。非可视化的 JavaBean 又分为值 JavaBean
和工具 JavaBean。其中，值 JavaBean 严格遵循了 JavaBean 的书写规范，主要用来封装表
单数据，作为信息的容器使用。下面来创建一个值 JavaBean。

【例 5-1】值 JavaBean。代码如下：

```
public class User {
    private String userName;
    private String userPass;
    public String getUserName() {
        return userName;
    }
    public void setUserName(String userName) {
        this.userName = userName;
    }
    public String getUserPass() {
        return userPass;
    }
    public void setUserPass(String userPass) {
        this.userPass = userPass;
    }
}
```

这个值 JavaBean 用来封装用户登录时表单中的用户名和密码。从程序上看，该程序还
是很简单的。

工具 JavaBean 则通常用于封装业务逻辑，比如中文处理、数据库操作等。工具
JavaBean 实现了业务逻辑和页面显示的分离，提高了代码的可读性和可重用性。接着看一
个工具 JavaBean 的例子。

【例 5-2】工具 JavaBean。代码如下：

```
public class Tools {
    public String changeHTML(String value) {
        value = value.replace("<", "&lt;");
        value = value.replace(">", "&gt;");
        return value;
    }
}
```

这个工具 JavaBean 的功能，是将字符串中的“<”和“>”转换为对应的 HTML 字符
“<”和“>”。

5.1.3　JavaBean 规范

JavaBean 既不是 Applet，也不是 Application，从本质上来说，JavaBean 就是一组用于
构建可重用组件的 Java 类库。与其他任何 Java 类一样，JavaBean 也是由属性和方法组成
的。一般地，JavaBean 的属性都具有 private 特性，方法具有 public 特性，方法是
JavaBean 的对外接口。

与一般 Java 类不同的是，一个标准的 JavaBean 一般需遵循以下规范。

(1) 实现 java.io.Serializable 接口。

(2) 是一个公共类。

(3) 类中必须存在一个无参数的构造函数。

(4) 提供对应的 setXxx()和 getXxx()方法来存取类中的属性。

java.io.Serializable 接口的作用是序列化，JVM 将类实例转化为字节序列，当类实例被发送到另一计算机后，会被重新组装，不用担心因操作系统不同而有所改变，序列化机制可以弥补网络传输中不同操作系统的差异问题。

在 JSP 中使用 JavaBean 组件时，创建的 JavaBean 不必实现 java.io.Serializable 接口，仍然可以运行。工具 JavaBean 不要求必须遵守该规范。因功能不同，工具 JavaBean 中一般没有与属性对应的 setXxx()和 getXxx()方法。

公共类是要求这个类在任何场合都可以访问。因为 JVM 默认时会自动生成无参数构造方法，所以可以不显式地写出来。

setXxx()和 getXxx()方法是用来存储和获取类中属性的，方法中的"Xxx"是属性的名称，根据 Java 语言命名规范，按方法名的第二个单词的第一个字母大写的原则进行命名。若属性为布尔类型，可以使用 isXxx()方法代替 getXxx()方法。

5.2 JavaBean 的使用

前面已经对 JavaBean 的相关概念进行了介绍，读者已经初步了解了什么是 JavaBean。那么，JavaBean 在 JSP 中怎样使用呢？本节就分别介绍值 JavaBean 和工具 JavaBean 的使用方法。

5.2.1 创建 JavaBean

JavaBean 实质上就是一个遵循了特殊规范的 Java 类，所以，创建 JavaBean 与创建 Java 类的方法类似。现在以使用集成开发工具 Eclipse 为例，讲解如何创建 JavaBean。

【例 5-3】创建值 JavaBean。

① 新建名为 TestBean 的项目。

② 右击项目下的 src 目录，从快捷菜单中选择"新建"→"包"命令，在弹出的"新建 Java 包"对话框中的"名称"文本框中输入包名"com.valueBean"，单击"完成"按钮，完成包的创建。

③ 右击 com.valueBean 包，从快捷菜单中选择"新建"→"类"菜单命令，在弹出的"新建 Java 类"对话框的"名称"文本框中输入 JavaBean 的名称，如"User"，其他选项保留默认值即可，如图 5-1 所示。

④ 单击"完成"按钮，Eclipse 平台会自动生成 User.java 的文件，并打开编辑窗口。下面就要进入 JavaBean 的代码编写了。

⑤ 向 User 类中添加两个公共的、字符串类型的属性 userName、userPass。然后对这两个属性分别创建相应的 setXxx()和 getXxx()方法。对这两个方法可以直接编写，也可以自动生成。现在介绍一下怎样自动生成这两个方法。

图 5-1　创建 JavaBean

⑥　将光标定位于 userName 属性处，右击鼠标，从快捷菜单中选择"重构"→
"包括字段"命令。

⑦　在弹出的"包括字段"对话框中，选择"访问修饰符"单选按钮组中的"公用"
选项，其他选项默认即可，如图 5-2 所示。

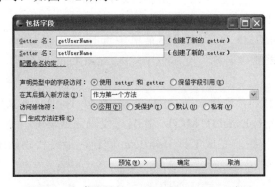

图 5-2　生成属性的 setXxx()和 getXxx()方法

⑧　单击"确定"按钮，即可在 User 类中生成 setUserName()和 getUserName()方法。
userPass 属性的 setXxx()和 getXxx()方法同理可创建。

知识链接一：自动生成属性的 setXxx()和 getXxx()方法也可以采用另一种方法操作：
将光标定位于属性定义的下一空行，右击鼠标，从快捷菜单中选择"源代码"→"生成
Getter 和 Setter..."命令，在弹出的"生成 Getter 和 Setter"对话框中选取"选择要创建的
getter 和 setter："框中的 userName 和 userPass 复选框，其他选项默认即可，如图 5-3 所
示。然后单击"确定"按钮，即可在 User 类中一次生成 getUserName()、setUserName()、
getUserPass()和 setUserPass()方法。

⑨ 单击"保存"按钮,完成值 JavaBean 的创建,最终代码如图 5-4 所示。

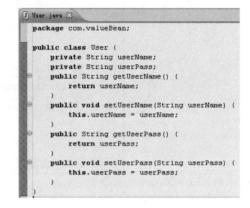

图 5-3　快速生成 setXxx()和 getXxx()方法　　　　图 5-4　值 JavaBean 的最终代码

【例 5-4】创建工具 JavaBean。

① 在 TestBean 项目下的 src 目录中,选择"新建"→"包"菜单命令,在弹出的"新建 Java 包"对话框中,选择在"名称"文本框中输入包名"com.toolsBean",单击"完成"按钮,完成包的创建。

② 右击 com.toolsBean 包,在快捷菜单中选择"新建"→"类"命令,在弹出的"新建 Java 类"对话框的"名称"文本框中输入 JavaBean 的名称,如"Tools",其他选项保留默认值即可。

③ 单击"完成"按钮,Eclipse 平台会自动生成 MyTools.java 文件,并打开编辑窗口。

④ 在类中添加方法 changeHTML(),并编写代码完成功能。

⑤ 单击"保存"按钮,完成工具 JavaBean 创建,最终代码如图 5-5 所示。

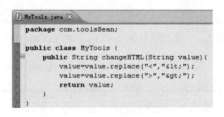

图 5-5　工具 JavaBean 的最终代码

从创建过程来看,值 JavaBean 与工具 JavaBean 大致相同,差异仅在于代码的编写上。值 JavaBean 要完成表单封装功能,所以需要提供每个属性的 setXxx()和 getXxx()方法。而工具 JavaBean 完成的是业务逻辑处理,不需要属性的 setXxx()和 getXxx()方法。

5.2.2　值 JavaBean 的使用

值 JavaBean 完成表单封装功能，它可以使页面结构更清晰。使用时，要与三个动作标识<jsp:useBean>、<jsp:setProperty>、<jsp:getProperty>组合才能完成。

【例 5-5】商品信息的传递。

用户在商品录入页面输入商品信息，包括商品名、价格、数量、生产厂家、电话等，单击"确定"按钮后，从另一页面获取用户输入的商品信息并显示到输出页面上。

① 创建商品录入页面 input.jsp，这也是用户与程序交互的界面。

在 TestBean 项目下的 WebContent 目录上右击鼠标，从快捷菜单中选择"新建"→"JSP"命令，在弹出的对话框的"文件名"文本框中输入"input"，单击"完成"按钮。编写 input.jsp 文件的代码如下：

```html
<form name="form1" method="post" action="output.jsp">
 <table width="350" border="1" align="center">
  <tr>
   <td height="30" colspan="2" align="center"><b>[请输入商品信息]</b></td>
  </tr>
  <tr>
   <td width="120" height="30" align="center"><b>商品名：</b></td>
   <td width="200">
      <input type="text" name="produce">
    </td>
  </tr>
  <tr>
   <td width="120" height="30" align="center"><b>价格：</b></td>
   <td width="200">
      <input type="text" name="price">
    </td>
  </tr>
  <tr>
   <td width="120" height="30" align="center"><b>数量：</b></td>
   <td width="200">
      <input type="text" name="count">
    </td>
  </tr>
  <tr>
   <td width="120" height="30" align="center"><b>生产厂家：</b></td>
   <td width="200">
      <input type="text" name="factory">
    </td>
  </tr>
  <tr>
   <td width="120" height="30" align="center"><b>电话：</b></td>
   <td width="200">
      <input type="text" name="phone">
    </td>
  </tr>
```

```
    <tr>
      <td colspan="2" align="center">
        <input type="submit" name="submit" value="录入">
        <input type="reset" name="reset" value="重置">
      </td>
    </tr>
  </table>
</form>
```

本程序在页面中创建了一个表单，表单中存在 5 个文本框，用来输入商品名、价格、数量、生产厂家、电话的信息，该页被提交后，由 output.jsp 程序进行处理。

② 创建封装商品信息的值 JavaBean：

```
package com.valueBean;

public class Produce {
    private String produce;
    private String price;
    private String count;
    private String factory;
    private String phone;
    public String getProduce() {
        return produce;
    }
    public void setProduce(String produce) {
        this.produce = produce;
    }
    public String getPrice() {
        return price;
    }
    public void setPrice(String price) {
        this.price = price;
    }
    public String getCount() {
        return count;
    }
    public void setCount(String count) {
        this.count = count;
    }
    public String getFactory() {
        return factory;
    }
    public void setFactory(String factory) {
        this.factory = factory;
    }
    public String getPhone() {
        return phone;
    }
    public void setPhone(String phone) {
        this.phone = phone;
```

```
      }
}
```

③ 创建表单处理页，也是输出显示页面 output.jsp。

处理的过程是首先用<jsp:useBean>、<jsp:setProperty>动作将表单信息封装到 JavaBean 中，然后利用<jsp:getProperty>动作将 JavaBean 中的信息提取出来，并在显示在输出页面上。代码如下：

```
<% request.setCharacterEncoding("gbk"); %>
<jsp:useBean id="pro" class="com.valueBean.Produce">
    <jsp:setProperty name="pro" property="*" />
</jsp:useBean>
<table align="center">
  <tr>
   <td>
   <center><h2>商品信息</h2></center>
   <ul>
   <li><b>商 品 名：</b>
     <jsp:getProperty name="pro" property="produce" /><br></li>
   <li><b>价    格：</b>
     <jsp:getProperty name="pro" property="price" /><br></li>
   <li><b>数    量：</b>
     <jsp:getProperty name="pro" property="count" /><br></li>
   <li><b>生产厂家：</b>
     <jsp:getProperty name="pro" property="factory" /><br></li>
   <li><b>电    话：</b>
     <jsp:getProperty name="pro" property="phone"/><br></li>
   </ul>
   </td>
  </tr>
</table>
```

④ 运行 input.jsp 页，在如图 5-6 所示的商品录入页输入商品信息，单击"确定"按钮后，页面转入 output.jsp 页，在如图 5-7 所示的输出页面显示出录入的商品信息。

图 5-6　商品录入页面

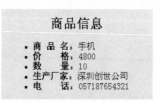

图 5-7　输出页面

值 JavaBean 的使用中，用到了<jsp:useBean>、<jsp:setProperty>、<jsp:getProperty>三个动作标识。<jsp:useBean>标识用来创建 Bean 实例，标识中的 id 属性是指定一个变量，用来对 Bean 实例进行引用，class 属性指定完整类名。当该标识被执行时，程序在指定范围内查找以 id 属性值为名、以 class 属性值为类型的 Bean 实例，若不存在，会通过 new 运算符创建该实例。

　　<jsp:setProperty>动作通常与<jsp:useBean>动作一起使用，用来设置 JavaBean 的属性值，也就是为 JavaBean 中的属性赋值，赋值是通过 Bean 实例中的 setXxx()方法实现的。其中，name 属性指定 Bean 实例，即与<jsp:useBean>动作中的 id 属性值对应。property 属性是指定要为 Bean 中的哪个属性赋值。

　　<jsp:getProperty>动作用来将 Bean 中存储的属性值读取出来，并输出到页面上。其中 name 属性指定 Bean 实例，property 属性是指要读取 Bean 中哪个属性的值。当然，Bean 中必须存在这个属性的 get 方法才可以。

　　实际上，利用<jsp:setProperty>动作来设置 JavaBean 的属性值时，可以分为以下 3 种情况：

- 通过 HTTP 表单设置 JavaBean 中的属性值。
- 通过 request 参数设置 JavaBean 属性值。
- 通过表达式的值或字符串设置 JavaBean 中的属性值。

　　例 5-5 就属于第一种情况，这种情况要求表单元素名与 JavaBean 中的属性名一一对应，即同名。比如例 5-5 中，把表单页商品名的文本框命名为 produce，值 JavaBean 中也存在名为 produce 的属性，用来存储商品名，这就是一一对应。其他属性同理，这也是最简单的一种情况，这种情况下，<jsp:setProperty>动作中的 property 属性值设置为"*"就可以了。

　　第二种情况是表单元素名与 JavaBean 中的属性名不同。这种情况下<jsp:setProperty>动作中的 property 属性值就不能简单地设为"*"了。

　　【例 5-6】商品信息的传递(表单元素名与 JavaBean 中的属性名不同的情况)。

　　① 修改例 5-5 的商品录入页面 input.jsp 的代码，如下所示：

```
<form name="form1" method="post" action="output.jsp">
  <table width="350" border="1" align="center">
    <tr>
      <td height="30" colspan="2" align="center"><b>[请输入商品信息]</b></td>
    </tr>
    <tr>
      <td width="120" height="30" align="center"><b>商品名: </b></td>
      <td width="200">
        <input type="text" name="form_produce">
      </td>
    </tr>
    <tr>
      <td width="120" height="30" align="center"><b>价格: </b></td>
      <td width="200">
        <input type="text" name="form_price">
      </td>
    </tr>
    <tr>
      <td width="120" height="30" align="center"><b>数量: </b></td>
      <td width="200">
```

```
        <input type="text" name="form_count">
    </td>
  </tr>
  <tr>
    <td width="120" height="30" align="center"><b>生产厂家: </b></td>
    <td width="200">
        <input type="text" name="form_factory" >
    </td>
  </tr>
  <tr>
    <td width="120" height="30" align="center"><b>电话: </b></td>
    <td width="200">
        <input type="text" name="form_phone">
    </td>
  </tr>
  <tr>
    <td colspan="2" align="center">
      <input type="submit" name="submit" value="录入">
      <input type="reset" name="reset" value="重置">
    </td>
  </tr>
  </table>
</form>
```

② JavaBean 保持不变。

③ 修改输出页 output.jsp 的代码:

```
<% request.setCharacterEncoding("gbk"); %>
<jsp:useBean id="pro" class="com.valueBean.Produce">
   <jsp:setProperty name="pro" property="produce" param="form_produce"/>
   <jsp:setProperty name="pro" property="price" param="form_price"/>
   <jsp:setProperty name="pro" property="count" param="form_count"/>
   <jsp:setProperty name="pro" property="factory" param="form_factory"/>
   <jsp:setProperty name="pro" property="phone" param="form_phone"/>
</jsp:useBean>
<table align="center">
<tr>
   <td>
   <center><h2>商品信息</h2></center>
   <ul>
   <li><b>商 品 名: </b>
      <jsp:getProperty name="pro" property="produce"/><br></li>
   <li><b>价    格: </b>
      <jsp:getProperty name="pro" property="price"/><br></li>
   <li><b>数    量: </b>
      <jsp:getProperty name="pro" property="count"/><br></li>
   <li><b>生产厂家: </b>
      <jsp:getProperty name="pro" property="factory"/><br></li>
   <li><b>电    话:
      </b><jsp:getProperty name="pro" property="phone"/><br></li>
   </ul>
```

```
    </td>
  </tr>
</table>
```

从本例中可以看出，当表单元素名与 JavaBean 中的属性名不同时，就不存在对应关系了。在利用<jsp:setProperty>动作存储表单元素值时，需要两个属性 param、property，来分别对应表单与 JavaBean。param 属性值对应表单中的元素名，property 属性值对应 JavaBean 中的属性名。

第三种情况就是要封装的信息不是通过表单传递的，而是程序中给出的，这时，就不需要表单了，只须修改<jsp:setProperty>动作，增加 value 属性并给其设置值即可。修改为：<jsp:setProperty name="pro" property="produce" value="<%="手机" %>"/>，其他同理。

5.2.3 工具 JavaBean 的使用

工具 JavaBean 完成业务逻辑的封装，简单地说，就是完成某种功能。

【例 5-7】特殊字符的转换和乱码处理功能

在做用户留言、发表评论、聊天室等功能时，若用户输入的内容中出现">"、"<"、"&"、" "等字符时，因为它们是 HTML 语言中的特定符号，输入的内容不能被原样显示，而是会将其执行，这不符合页面要求。同时，输入的中文字符在显示时也会出现乱码现象。针对这些问题，需要特殊处理。

① 创建发表评论信息的表单页面 review.jsp：

```
<form action="doReview.jsp" method="post">
  <table width="500" border="0" cellspacing="8" cellpadding="0">
    <tr>
      <td colspan="2" align="center"><b>发表评论</b></td>
    </tr>
    <tr>
      <td width="25%" align="center">评 论 者：</td>
      <td>
        <input type="text" name="reAuthor" size="40" value="匿名好友">
      </td>
    </tr>
    <tr>
      <td align="center">评论内容：</td>
      <td>
        <textarea name="reContent" rows="10" cols="50"></textarea>
      </td>
    </tr>
    <tr>
      <td colspan="2" align="center">
        <input type="submit" value="提交">
        <input type="reset" value="重置">
      </td>
    </tr>
  </table>
</form>
```

② 在 com.valueBean 包中创建名为 Review 的值 JavaBean，对表单信息进行封装：

```java
package com.valueBean;

public class Review {
    private String reAuthor;
    private String reContent;
    public String getReAuthor() {
        return reAuthor;
    }
    public void setReAuthor(String reAuthor) {
        this.reAuthor = reAuthor;
    }
    public String getReContent() {
        return reContent;
    }
    public void setReContent(String reContent) {
        this.reContent = reContent;
    }
}
```

③ 在 com.toolsBean 包中创建名为 ChangeTools 的工具 JavaBean，并在其中创建两个方法：

```java
package com.toolsBean;

public class ChangeTools {
    public static String changeHTML(String value) {
        if(value != null)
        {
            value = value.replace("&", "&amp;");
            value = value.replace(" ", " ");
            value = value.replace("<", "&lt;");
            value = value.replace(">", "&gt;");
            value = value.replace("\r\n", "<br>");
        }
        return value;
    }
    public static String toChinese(String str) {
        if(str == null) str = "";
        try {
            str = new String(str.getBytes("ISO-8859-1"), "gbk");
        } catch (UnsupportedEncodingException e) {
            str = "";
            e.printStackTrace();
        }
        return str;
    }
}
```

changeHTML()方法用来对特殊字符进行处理；toChinese()方法用来处理中文乱码。

④ 创建显示评论信息的页面 doReview.jsp：

```jsp
<%@ page import="com.toolsBean.ChangeTools" %>
<jsp:useBean id="myReview" class="com.valueBean.Review" scope="request">
    <jsp:setProperty name="myReview" property="*" />
</jsp:useBean>
<table border="1" height="200" width="500">
    <tr height="30">
        <td align="center" width="125" height="30">评论者：</td>
        <td width="375" align="left">
            <%=ChangeTools.toChinese(
              ChangeTools.changeHTML(myReview.getReAuthor())) %>
        </td>
    </tr>
    <tr>
        <td align="center" width="125" height="30">评论内容：</td>
        <td width="375" align="left">
            <%=ChangeTools.toChinese(
              ChangeTools.changeHTML(myReview.getReContent())) %>
        </td>
    </tr>
    <tr>
        <td colspan="2" align="center">
            <a href="review.jsp">继续发表评论</a>
        </td>
    </tr>
</table>
```

⑤ 运行 review.jsp 页面，输入留言信息，如图 5-8 所示，提交后，在输出页显示评论内容，如图 5-9 所示。

图 5-8　发表评论页面

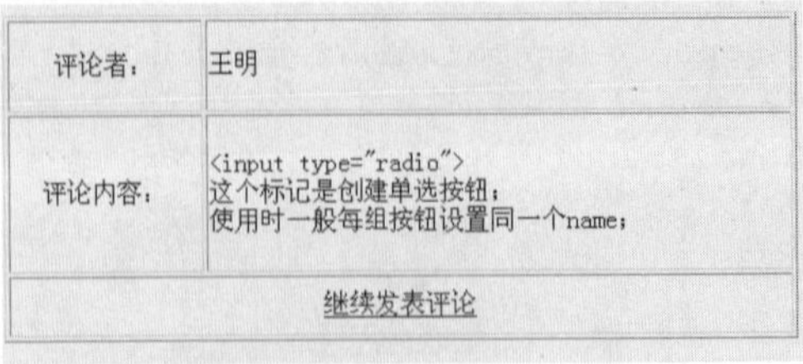

图 5-9　显示评论页面

在例 5-7 中，既有值 JavaBean 又有工具 JavaBean 的使用。从代码上看，例 5-7 在使用值 JavaBean 时与例 5-6 的方式不同。在例 5-6 中，值 JavaBean 在使用时用的是 JSP 动作指令<jsp:useBean>、<jsp:setProperty>、<jsp:getProperty>。而在例 5-7 中，值 JavaBean 的存储用的是<jsp:useBean>、<jsp:setProperty>动作，而获取用的是 myReview.getReAuthor()的方式。具体采用哪种格式，可以看题意决定。在例 5-7 中，工具 JavaBean 是用 page 指令引入的，格式为<%@ page import="com.toolsBean.ChangeTools" %>。

5.3　实训五：用 JavaBean 实现购物车

随着电子商务的发展，网上购物成为人们最喜欢的一种购物方式，人们经常在网上购物商城中购买商品。购物车是网上购物的一个很重要的环节，人们能将喜欢的商品放入购物车中，也可以从购物车中拿出又不想购买了的商品，购物车能够自动计算出顾客所买商品的总价，方便指导顾客的购物过程。

本例介绍如何用 JavaBean 实现一个简单的购物车，能够实现选择商品、增加商品数量、添加新商品、结算、清空购物车等功能。

首先，运行首页后显示商品列表。选择浏览的商品后，打开该商品页。若要购买该商品，则选择"加入购物车"，然后可以选择"查看购物车"，即可直接前往购物车查看购物车中有哪些商品。或者也可以选择"返回商城"，继续浏览其他商品。在购物车中，还可随时回到商城继续购物，或者增加、减少商品的数量。当然，也可以删除某种商品。应用创建的过程如下。

(1) 创建名为 GoodsSingle 的封装商品信息的值 JavaBean。类中定义 name、product、price、num 属性，分别用来存储商品的名称、简介、价格、数量信息。代码如下：

```
package com.valueBean;

public class GoodsSingle {
    private String name;
    private String product;
    private float price;
    private int num;
    public String getName() {
        return name;
    }
    public void setName(String name) {
        this.name = name;
    }
    public String getProduct() {
        return product;
    }
    public void setProduct(String product) {
        this.product = product;
    }
    public float getPrice() {
        return price;
```

```
    }
    public void setPrice(float price) {
        this.price = price;
    }
    public int getNum() {
        return num;
    }
    public void setNum(int num) {
        this.num = num;
    }
}
```

（2）创建名为 MyTools 的工具 JavaBean。用来实现字符型数据到整型数据的转换和中文乱码的处理。代码如下：

```
package com.toolsBean;

import java.io.UnsupportedEncodingException;

public class MyTools {
    public static int strToint(String str) {
        if(str==null || str.equals(""))
            str = "0";
        int i = 0;
        try {
            i = Integer.parseInt(str);
        } catch(NumberFormatException e) {
            e.printStackTrace();
        }
        return i;
    }

    public static String toChinese(String str) {
        if(str == null)
            str = "";
        try {
            str = new String(str.getBytes("ISO-8859-1"), "gbk");
        } catch (UnsupportedEncodingException e) {
            str = "";
            e.printStackTrace();
        }
        return str;
    }
}
```

（3）创建名为 ShopCar 的工具 JavaBean。该 JavaBean 包括实现添加商品的方法、减少和删除商品的方法、清空购物车的方法。这些方法都是通过 ArrayList 集合对象实现的。代码如下：

```
package com.toolsBean;
```

```java
import java.util.ArrayList;
import com.toolsBean.MyTools;
import com.valueBean.GoodsSingle;

public class ShopCar {
    private ArrayList buyList = new ArrayList();
    public ArrayList getBuyList() {
        return buyList;
    }

    public void addItem(GoodsSingle single) {
        if(single != null) {
            if(buyList.size() == 0) {
                GoodsSingle newGoods = new GoodsSingle();
                newGoods.setName(single.getName());
                newGoods.setProduct(single.getProduct());
                newGoods.setPrice(single.getPrice());
                newGoods.setNum(single.getNum());
                buyList.add(newGoods);
            }
            else {
                int i = 0;
                for(; i<buyList.size(); i++) {
                    GoodsSingle newGoods = (GoodsSingle)buyList.get(i);
                    if(newGoods.getName().equals(single.getName())) {
                        newGoods.setNum(newGoods.getNum()+1);
                        break;
                    }
                }
                if(i >= buyList.size()) {
                    GoodsSingle newGoods = new GoodsSingle();
                    newGoods.setName(single.getName());
                    newGoods.setPrice(single.getPrice());
                    newGoods.setNum(single.getNum());
                    buyList.add(newGoods);
                }
            }
        }
    }

    public void addItem(String name) {
        for(int i=0; i<buyList.size(); i++) {
            GoodsSingle newGoods = (GoodsSingle)buyList.get(i);
            if(newGoods.getName().equals(MyTools.toChinese(name))) {
                newGoods.setNum(newGoods.getNum()+1);
                break;
            }
        }
    }
```

```
public void removeItem(String name) {
    for(int i=0; i<buyList.size(); i++) {
        GoodsSingle newGoods = (GoodsSingle)buyList.get(i);
        if(newGoods.getName().equals(MyTools.toChinese(name))) {
            if(newGoods.getNum() > 1) {
                newGoods.setNum(newGoods.getNum()-1);
                break;
            }
            else if(newGoods.getNum() == 1) {
                buyList.remove(i);
            }
        }
    }
}

public void clearCar() {
    buyList.clear();
}
}
```

(4) 创建商城首页 index.jsp，该页面用来初始化商品列表，然后，页面重定向到 show.jsp 页面，显示商城中的商品。代码如下：

```
<%@ page contentType="text/html;charset=gbk" %>
<%@ page import="java.util.ArrayList" %>
<%@ page import="com.valueBean.GoodsSingle" %>
<%!
static ArrayList goodsList = new ArrayList();
static {
    String[] name = {"玩具车", "积木", "绘本", "故事机"};
    String[] product = {
        "儿单电动车   宝宝婴幼儿玩具车   可坐人   电瓶四轮童车   遥控越野吉普车",
        "木制大积木   宝宝早教益智玩具   立体积木",
        "绘本不一样的卡梅拉   第一季   第二季   畅销书   动漫全套",
        "故事机   早教机   MP3 播放器   可充电   可下载   可遥控"
    };
    float[] price = {800f, 78f, 260f, 120f};
    for(int i=0; i<4; i++) {
        GoodsSingle single = new GoodsSingle();
        single.setName(name[i]);
        single.setProduct(product[i]);
        single.setPrice(price[i]);
        single.setNum(1);
        goodsList.add(i,single);
    }
}
%>
<%
session.setAttribute("goodsList", goodsList);
response.sendRedirect("show.jsp");
%>
```

(5)　创建商品显示页面 show.jsp，用来显示商城所提供的商品列表。代码如下：

```jsp
<%@ page contentType="text/html;charset=gbk"%>
<%@ page import="java.util.ArrayList" %>
<%@ page import="com.valueBean.GoodsSingle" %>
<% ArrayList goodsList = (ArrayList)session.getAttribute("goodsList");%>
<table border="1" width="450" rules="none"
  cellspacing="0" cellpadding="0">
    <tr height="50">
        <td colspan="3" align="center">
            <font color="blue">欢迎您光临玩具店哦! </font>
        </td>
    </tr>
    <tr align="center" height="30" bgcolor="lightgrey">
        <td>名称</td>
        <td>图片</td>
        <td>价格(元)</td>
    </tr>
<%
    if(goodsList==null || goodsList.size()==0) {
%>
    <tr height="100">
        <td colspan="4" align="center">没有商品可显示! </td>
    </tr>
<%
    }
    else {
        for(int i=0; i<goodsList.size(); i++) {
            GoodsSingle single = (GoodsSingle)goodsList.get(i);
%>
    <tr height="50" align="center">
        <td>
        <a href="goods.jsp?goods=<%=i %>"
          style="text-decoration: none"><%=single.getName()%></a>
        </td>
        <td>
        <a href="goods.jsp?goods=<%=i %>">
            <img src="images/<%="goods"+i%>.jpg" border="0" width="100"></a>
        </td>
        <td><%=single.getPrice()%></td>
    </tr>
<%
    }
}
%>
    <tr height="70">
        <td align="center" colspan="3">
        <form action="shopcar.jsp" method="post">
            <input type="submit" value="查看购物车">
        </form>
```

```
        </td>
      </tr>
</table>
```

(6) 创建商品浏览页 goods.jsp，这是当用户选取了某种商品，来查看商品详细信息时该商品的详细信息显示页。代码如下：

```jsp
<%@ page contentType="text/html;charset=gbk"%>
<%@ page import="java.util.ArrayList" %>
<%@ page import="com.valueBean.GoodsSingle" %>
<%@ page import="com.toolsBean.MyTools" %>
<% ArrayList goodsList=(ArrayList)session.getAttribute("goodsList"); %>
<table width="450" border="1" rules="none"
 cellspacing="0" cellpadding="0">
<%
   if(goodsList==null || goodsList.size()==0) {
%>
   <tr height="100">
      <td colspan="4" align="center">没有商品可显示! </td>
   </tr>
<%
   }
   else {
      int id = MyTools.strToint(request.getParameter("goods"));
      GoodsSingle single = (GoodsSingle)goodsList.get(id);
%>
   <tr height="50" align="center">
      <td><img src="images/<%="goods"+id%>.jpg" width="450"></td>
   </tr>
   <tr height="50">
      <td><%=single.getName()%>: <%=single.getProduct() %></td>
   </tr>
   <tr height="50">
      <td>
         <font size="5" color="red">¥<%=single.getPrice()%></font>
      </td>
   </tr>
   <tr height="50">
      <td align="center">
      <form action="docar.jsp?action=buy&id=<%=id %>" method="post">
         <input type="submit" value="加入购物车" name="buy">  
         <input type="submit" value="查看购物车" name="buy">  
         <input type="submit" value="返回商城" name="buy">
      </form>
      </td>
   </tr>
<%
   }
%>
</table>
```

(7)　创建用来实现加入购物车、增加商品数量、继续购物、减少和删除商品等操作的 docar.jsp 页面：

```jsp
<%@ page contentType="text/html;charset=gbk"%>
<%@ page import="java.util.ArrayList" %>
<%@ page import="com.valueBean.GoodsSingle" %>
<%@ page import="com.toolsBean.MyTools" %>
<jsp:useBean id="myCar" class="com.toolsBean.ShopCar" scope="session" />
<%
String action = request.getParameter("action");
if(action == null)
    action = "";
if(action.equals("buy")) {
    String type = request.getParameter("buy");
    if(MyTools.toChinese(type).equals("加入购物车")) {
        ArrayList goodslist = (ArrayList)session.getAttribute("goodsList");
        int id = MyTools.strToint(request.getParameter("id"));
        GoodsSingle single = (GoodsSingle)goodslist.get(id);
        myCar.addItem(single);
%>
        <jsp:forward page="goods.jsp">
            <jsp:param name="goods" value="<%=id%>" />
        </jsp:forward>
<%
    }
    else if(MyTools.toChinese(type).equals("查看购物车")) {
        response.sendRedirect("shopcar.jsp");
    }
    else {
        response.sendRedirect("show.jsp");
    }
}
else if(action.equals("addbuy")) {
    String name = request.getParameter("name");
    myCar.addItem(name);
    response.sendRedirect("shopcar.jsp");
}
else if(action.equals("remove")) {
    String name = request.getParameter("name");
    myCar.removeItem(name);
    response.sendRedirect("shopcar.jsp");
}
else if(action.equals("clear")) {
    myCar.clearCar();
    response.sendRedirect("shopcar.jsp");
}
else {
    response.sendRedirect("show.jsp");
}
%>
```

(8) 创建购物车页面 shopcar.jsp，用来显示购物车中的商品信息及进行汇总。代码如下：

```jsp
<%@ page contentType="text/html;charset=gbk" %>
<%@ page import="java.util.ArrayList" %>
<%@ page import="com.valueBean.GoodsSingle" %>
<jsp:useBean id="myCar" class="com.toolsBean.ShopCar" scope="session" />
<%
ArrayList buyList = myCar.getBuyList();
float total = 0;
int count = 0;
%>

<table width="450" border="1" rules="none"
  cellspacing="0" cellpadding="0">
    <tr height="50">
        <td colspan="7" align="center">
            <font color="blue">您的购物车</font>
        </td>
    </tr>
    <tr align="center" height="30" bgcolor="lightgrey">
        <td width="25%">名称</td>
        <td>图片</td>
        <td>价格(元)</td>
        <td colspan="3">数量</td>
        <td>总价(元)</td>
    </tr>
<%
if(buyList==null || buyList.size()==0) {
%>
    <tr height="100">
        <td colspan="7" align="center">您的购物车为空！</td>
    </tr>
<%
}
else {
    for(int i=0; i<buyList.size(); i++) {
        GoodsSingle single = (GoodsSingle)buyList.get(i);
        String name = single.getName();
        float price = single.getPrice();
        int num = single.getNum();
        float money = price * num;
        total += money;
        if(num!=1)
            count += num;
        else
            count++;
%>
    <tr align="center" height="50">
        <td><%=name%></td>
```

```
        <td>
<%
        int j;
        ArrayList goodsList = (ArrayList)session.getAttribute("goodsList");
        for(j=0; j<goodsList.size(); j++) {
            GoodsSingle temp = (GoodsSingle)goodsList.get(j);
            if(temp.getName().equals(name)) {
                break;
            }
        }

%>
        <img src="images/<%="goods"+j%>.jpg" width="100">
        </td>
        <td><%=price%></td>
        <td width="30" align="right">
        <form action="docar.jsp?action=remove&name=<%=single.getName()%>"
          method="post">
            <input type="submit" value="-" style="border:none;">
        </form>
        </td>
        <td width="30"><%=num%></td>
        <td width="30" align="left">
        <form action="docar.jsp?action=addbuy&name=<%=single.getName()%>"
          method="post">
            <input type="submit" value="+" style="border:none;">
        </form>
        </td>
        <td><%=money%></td>
    </tr>
<%
    }
}
%>
    <tr height="50" align="center">
        <td colspan="7">
        <font color="red">
            购物车中共有<%=count %>件商品，结算：
            <font size="5">￥<%=total%>元</font>
        </font>
        </td>
    </tr>
    <tr height="50" align="center">
        <td colspan="2">
        <form action="show.jsp" method="post">
            <input type="submit" value="继续购物">
        </form>
        </td>
        <td colspan="5">
        <form action="docar.jsp?action=clear" method="post">
```

```
            <input type="submit" value="清空购物车">
        </form>
        </td>
    </tr>
</table>
```

（9）运行首页 index.jsp，首先显示商城中的商品列表页，如图 5-10 所示。在商品列表页浏览所要购买的商品"玩具车"，打开玩具车信息页，如图 5-11 所示。

图 5-10　商城首页

图 5-11　商品页面

将"玩具车"加入购物车，然后"查看购物车"，如图 5-12 所示，购物车中列出了购买商品的信息，并进行了结算。在购物车中，也可以增加同种商品的数量，或者返回商城继续购物，以及执行清空购物车等操作。

图 5-12　购物车页面

5.4　本 章 小 结

本章介绍了 JavaBean 理论的相关概念，包括 JavaBean 的用途、种类和规范。然后给出了在 Eclipse 平台中如何创建 JavaBean，其中包括值 JavaBean 和工具 JavaBean 的通用格式，最后，通过案例演示了 JavaBean 的实际应用。通过本章的学习，应该能够熟练掌握 JavaBean 的开发技巧，为以后 MVC 模式的学习打下基础。

练习与提高(五)

1．选择题

(1) 在 JSP 中调用 JavaBean 时，不会用到的标识是(   )。

    A．<javabean>   B．<jsp:useBean>

    C．<jsp:setProperty>   D．<jsp:getProperty>

(2) 假设创建 JavaBean 的类中有一个 int 型的属性 Num，下列(   )方法是正确的设置该属性的方法。

    A．public void setNum(int n) { Num = n; }

    B．public setNum(int n) { Num = n; }

    C．public voidsetNum(int n) { Num = n; }

    D．void setNum(int n) { Num = n; }

(3) <jsp:useBean>声明的对象默认的有效范围是(   )。

    A．page   B．session

    C．application   D．request

(4) 如果想在页面中使用一个 JavaBean，我们可以使用(   )标识。

    A．<%@ include file="fileName" %>

    B．<jsp:forward>

    C．<jsp:useBean>

    D．以上选项全都正确

(5) 以下不是 JavaBean 的特点的是(   )。

    A．JavaBean 是一个 private 的类

    B．设置和获取属性时，使用 setXxx()和 getXxx()方法

    C．要有一个默认无参构造函数

    D．存放属性的变量为 protected 或 private 特性

2．填空题

(1) 如果想在页面中使用一个 JavaBean，我们可以使用_____标识。

(2) 按功能，JavaBean 可分为_____和_____。

(3) _____动作用于向一个 JavaBean 的属性赋值，需要注意的是，在这个动作中用到的 name 属性的值将是一个前面已经使用_____动作引入的 JavaBean 的名字。

(4) _____用于从一个 JavaBean 中得到某个属性的值，无论原属性是什么类型的，都将被转换为一个 String 类型的值。

(5) 如果想让任何 Web 应用文件夹中的 JSP 页面都可以使用某个 JavaBean，那么这个 JavaBean 的字节码文件需要存放在 Tomcat 安装文件夹的_____文件夹下。

3. 简答题

(1) 一个标准的 JavaBean 需遵循的规范有哪些？

(2) 按功能，JavaBean 可分为哪些种？在 JSP 中最为常用的是哪一种？

(3) 分别叙述值 JavaBean 与工具 JavaBean 的作用。

4. 实训题

(1) 利用 JavaBean 技术编写程序，实现计算三角形面积。用户通过页面输入三角形三边的长度，如果能构成三角形，则输出"能构成三角形！"，并输出三角形的面积；否则输出"不能构成三角形！"，如图 5-13、图 5-14 所示。

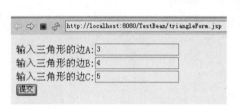

图 5-13 三角形边长输入页

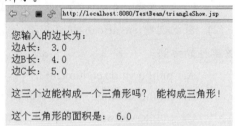

图 5-14 显示结果页

(2) 改写第 4 章中的例 4-7 登录程序。用户通过 JavaBean 接收用户名和密码，当输入的用户为"admin"、密码为"123"时，页面重定向至登录成功页，显示"登录成功，欢迎光临！"；否则，重定向至登录失败页，显示"请输入正确用户名和密码！"。

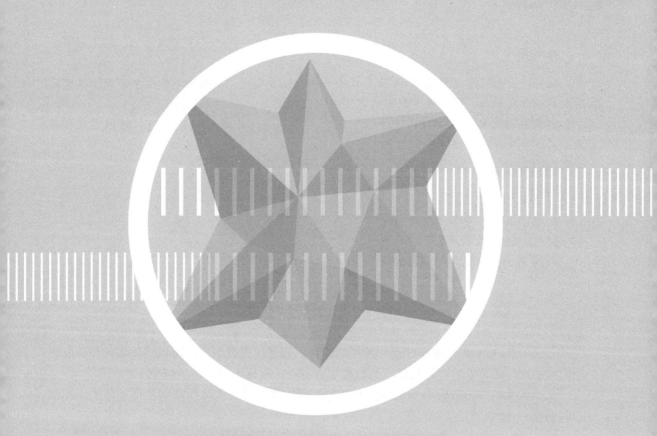

第 6 章

JSP 中数据库的使用

本章要点

数据库应用技术是开发 Web 应用程序的重要技术之一。本章重点介绍如何在 JSP 中应用数据库开发技术，使网页与数据库之间可以互相通信。

本章内容主要包括 JDBC 的种类、JSP 中访问数据库常用的类/接口、访问方式和步骤、通过 JSP 操纵数据库进行增/删/改/查操作。

学习目标

1. 了解 JDBC 技术。
2. 掌握 JDBC 中常见接口的使用。
3. 掌握连接及访问数据库的方法。
4. 掌握典型数据库的连接方法。

6.1　JDBC 技术

几乎所有的 Web 应用都涉及对数据的操作。通过使用数据库，可以增强访问和获取数据的灵活性，还可以对存入数据库的数据进行分析，根据不同的需求获取不同的信息。

在很多系统中，数据库都是其核心部分。作为软件开发人员，必须懂得如何操作和维护数据库。

6.1.1　JDBC 概述

JDBC 全称为 Java Database Connectivity，是用于执行 SQL 语句的 API 类包。

JDBC 由类(Class)和接口(Interface)组成，为各个数据库厂商提供了统一的接口标准。通过调用这些类和接口提供的方法，可以连接不同的数据库，对数据库执行 SQL 命令并取得结果。通过 JDBC 技术，开发人员可以用纯 Java 语言和标准的 SQL 语句编写完整的数据库应用程序，真正实现程序的跨平台性，并且改变以往数据库接口的不统一性。

现在 JDBC 已经成为 Java 程序访问数据库的统一标准，为数据库厂商及第三方中间件厂商实现与数据库的连接提供了标准方法，获得了几乎所有数据库厂商的支持。

有了 JDBC 技术，对各种数据库进行操作就变成一件很容易的事了。因为借助于 JDBC 技术，就不必为访问 SQL Server 数据库写一个程序，又为访问 Oracle 数据库写另一个程序，或者为访问其他数据库又编写别的程序了，现在程序员只须利用 JDBC API 写一个程序，就能够自动地将 SQL 语句传送给相应的数据库管理系统(DBMS)，实现对任何数据库的操作了。利用 JDBC 技术，真正实现了"一次编写，处处运行"的优势。

JDBC 完成的主要任务包括：建立与数据库的连接、向数据库发送 SQL 语句、处理从数据库返回的操作结果。

JDBC API 的所有实现都包含在 java.sql 包中，即该包中包括了 JDBC API 的所有类和方法。

6.1.2　JDBC 驱动程序

JDBC 用于解决应用程序与数据库之间的通信问题。目前，比较常见的 JDBC 驱动程序可分为 4 个种类，不同类型的驱动程序使用方式不相同，所以在连接数据库之前，必须先依照设计的需求选择一个适当的驱动程序。

(1)　JDBC-ODBC 桥接驱动程序(JDBC-ODBC Bridge)。

这是一种桥接器型的驱动程序，是先把 JDBC 调用转换为本地 ODBC 调用，再利用 ODBC Driver 连接到数据库上。在 JDBC 刚刚产生时，Microsoft 的 ODBC API 是使用比较广的、用于访问关系数据库的编程接口。但 ODBC 不适合直接在 Java 中使用。

虽然不能直接使用 ODBC，但可以通过 JDBC-ODBC 桥来加载 ODBC 驱动程序，这就要求对应的平台具备对应数据库的 ODBC 驱动程序，其特点是必须在客户端计算机上事先安装好 ODBC 驱动程序，然后通过 JDBC-ODBC 的调用方法，通过 ODBC 来存取数据库。换句话说，必须安装 Microsoft Windows 的某个版本。使用这种驱动程序需要牺牲 JDBC 的平台独立性。这种方式最适合于企业网，或者是利用 Java 编写的三层结构的应用程序服务器代码。利用 JDBC-ODBC 桥接驱动访问数据库的示意图见图 6-1。

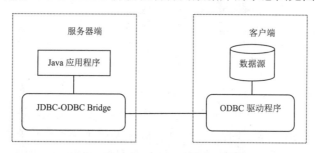

图 6-1　JDBC-ODBC 桥接驱动程序

(2)　本地 API 半 Java 驱动程序(JDBC-Native API Bridge)。

这也是一种桥接器型的驱动程序。也必须先在客户端计算机上安装好特定的驱动程序。它建立在本地数据库驱动程序的顶层，不需要使用 ODBC。JDBC 驱动程序将对数据库的 API 从标准的 JDBC 调用转换为本地调用。把客户机 API 上的 JDBC 调用转换为 Oracle、Sybase、Informix、DB2 或其他 DBMS 的调用。使用此类型也需要牺牲 JDBC 的平台独立性。利用 JDBC-Native API Bridge 驱动访问数据库的示意图见图 6-2。

(3)　JDBC 中间件纯 Java 驱动程序(JDBC-Middleware)。

这种类型的驱动程序，优点在于它不用在客户端计算机上安装任何驱动程序，只需要在服务器端安装 Middleware(中间件)即可，由 Middleware 负责存取数据库时的转换。这种驱动程序是完全利用 Java 语言编写的驱动，它将 JDBC 转换为与 DBMS 无关的网络协议，然后，这种协议又被某个服务器转换为一种 DBMS 协议。这种网络服务器中间件能够将它的纯 Java 客户机连接到多种不同的数据库上，所用的具体协议取决于提供者。通常，这是最为灵活的 JDBC 驱动程序。这种驱动方式完全与平台无关，因此很适合于 Internet 的应用。很多这种驱动方式的提供者都提供适合于 Intranet 用的产品。当然，为了使这些产品更适合 Internet 访问，它们必须处理 Web 服务所提出的关于安全性和如何通过防火墙访问等问题。利用 JDBC-Middleware 驱动访问数据库的示意图见图 6-3。

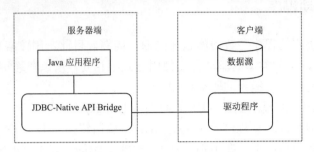

图 6-2 本地 API 半 Java 驱动程序

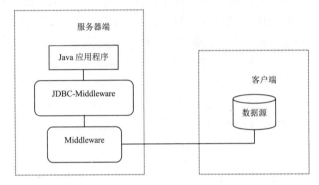

图 6-3 JDBC 中间件纯 Java 驱动程序

(4) 本地协议纯 Java 驱动程序(Pure JDBC Driver)。

这种类型的驱动程序将 JDBC 调用直接转换为 DBMS 所使用的网络协议。允许从客户机上直接调用 DBMS 服务器，即使用一个纯 Java 数据库驱动程序来执行数据库的直接访问，是 Intranet 访问的一个很实用的解决方法，是目前最成熟的 JDBC 驱动程序。这种方式在客户端计算机上不需要安装驱动程序，在服务器端也不需要安装任何中间件，所有对数据库的操作都由驱动程序完成。这种驱动程序也是完全利用 Java 语言编写的，与平台无关，而且简单易用，性能最好，是 Internet 应用中最好的解决方案。利用本地协议纯 Java 驱动程序访问数据库的示意图见图 6-4。

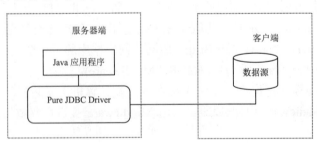

图 6-4 本地协议纯 Java 驱动程序

第 3、4 类驱动程序将成为从 JDBC 访问数据库的首选方法。第 1、2 类驱动程序在直接的纯 Java 驱动程序还没有上市前作为过渡方案来使用。

第 1、2 类驱动程序解决方案虽然也会在某些项目中使用，但因为其无法实现平台无关性，且具有客户端须安装驱动程序的局限性，算不上是好的解决方案。而第 3、4 类驱动程序提供了 Java 的所有优点，是推荐的解决方案。

6.2　JDBC 的使用步骤

JDBC 提供了众多的类和接口，来对数据库进行操作。其中，有 5 个为最基础的类和接口，包括数据库的驱动程序类、DriverManager 类、Connection 接口、Statement 接口、ResultSet 接口。

使用 JDBC 技术访问数据库主要包括以下步骤：注册和加载驱动程序；与数据库建立连接；发送 SQL 语句；执行语句并获得结果；关闭连接。

6.2.1　加载 JDBC 驱动程序

在对数据库操作之前，用户必须在 Java 运行环境中准确地加载 JDBC 驱动程序，并在 DriverManager 中注册驱动程序。java.sql 包的 DriverManager 类负责管理 JDBC 驱动程序，是 JDBC 的管理层，作用于用户和驱动程序之间，负责跟踪可用的驱动程序，并在数据库和相应驱动程序之间建立连接。

另外，DriverManager 类也处理驱动程序登录时间限制及登录和跟踪消息显示等事务。加载 JDBC 驱动的方法为：

```
Class.forName(String driver);        //forName()方法用于加载和注册驱动程序
```

通过调用 java.lang.Class 类的 Class.forName()方法加载 Driver 类，这将显式地加载驱动程序类。方法中，driver 参数会因为不同的 JDBC 驱动程序而有不同的设定。

下面列出常用的几种数据库驱动程序加载语句的形式。

(1) 使用 JDBC-ODBC 桥接驱动程序的加载语句如下：

```
Class.forName("sun.jdbc.odbc.JdbcOdbcDriver");
```

💡 **注意：** 使用 JDBC-ODBC 桥接驱动程序时，需要先在 Windows 中配置 ODBC 数据源。

(2) 使用 SQL Server 的 JDBC 驱动程序的加载语句如下：

```
Class.forName("com.microsoft.jdbc.sqlserver.SQLServerDriver");
```

(3) 使用 MySQL 的 JDBC 驱动程序的加载语句如下：

```
Class.forName("org.git.mm.mysql.Driver");
```

(4) 使用 Oracle 的 JDBC 驱动程序的加载语句如下：

```
Class.forName("oracle.jdbc.driver.OracleDriver");
```

括号中的名称是 Oracle 的 JDBC 驱动程序的打包类的名称。

调用 Class.forName()方法加载驱动程序时，最终要调用 DriverManager.registerDriver()在 DriverManager 类中进行注册，这一过程在加载驱动程序时自动执行，所以程序中不需

要进行直接调用。

在使用 JDBC-ODBC 桥接驱动程序时，需要先在 Windows 中配置 ODBC 数据源，这种方式比较简单，不需要安装其他的驱动程序，只需要进行 ODBC 配置即可，比较适用于学习阶段，但此种方式的可移植性较差。

配置 ODBC 的过程如下：选择"开始"→"设置"→"控制面板"→"管理工具"→"数据源(ODBC)"，弹出"ODBC 数据源管理器"对话框，如图 6-5 所示。在"ODBC 数据源管理器"对话框中，选择"系统 DSN"选项卡，如图 6-6 所示。

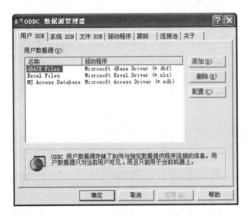

图 6-5　"ODBC 数据源管理器"对话框

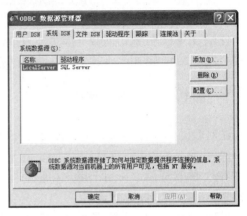

图 6-6　选择"系统 DSN"选项卡

单击"系统 DSN"选项卡中的"添加"按钮，弹出"创建新数据源"对话框，如图 6-7 所示。在"选择您想为其安装数据源的驱动程序"列表框中列出了多种数据库驱动程序，在其中选择数据库驱动程序。在列表框中选择 SQL Server 选项(如果是其他类型的数据，选择相应选项即可)，单击"完成"按钮，弹出"创建到 SQL Server 的新数据源"对话框，如图 6-8 所示。

图 6-7　"创建新数据源"对话框

图 6-8　"创建到 SQL Server 的新数据源"对话框

在"名称"文本框中输入数据源的名称，在"服务器"下拉列表框中选择所要连接的 SQL Server 服务器。本例中，将数据源名称设为 jspdb，服务器选择(local)(表示本机服务器)，单击"下一步"按钮，进入如图 6-9 所示的登录方式设置界面，这里使用默认设置即可。

单击"下一步"按钮，进入如图 6-10 所示的设置默认数据库的界面。

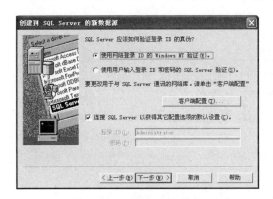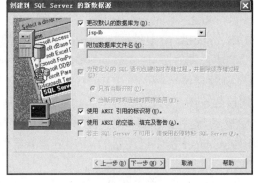

图 6-9　登录方式设置界面　　　　　　图 6-10　设置默认数据库的界面

选中"更改默认的数据库为"复选框，并在其下拉列表框中选择前面所创建的 jspdb，单击"下一步"按钮，弹出"ODBC Microsoft SQL Server 安装"对话框，如图 6-11 所示。

在"ODBC Microsoft SQL Server 安装"对话框中单击"测试数据源"按钮，弹出"SQL Server ODBC 数据源测试"对话框，对创建的数据源进行测试，如图 6-12 所示。

图 6-11　ODBC Microsoft SQL Server 安装对话框　　图 6-12　SQL Server ODBC 数据源测试对话框

对话框中显示测试成功，完成了 ODBC 数据源的创建。单击"确定"按钮，在返回的对话框中单击"确定"按钮。在"ODBC 数据源管理器"对话框的"系统数据源"列表框中，即可显示刚创建的数据源 jspdb，单击"确定"按钮，完成 ODBC 数据源的配置。

6.2.2　创建数据库连接

加载 Driver 类并在 DriverManager 类中注册后，应用程序还是不能连接到数据库。应用程序要访问数据库，还必须创建到数据库的连接，即创建连接对象。创建连接对象需要利用 DriverManager 类的 getConnection()方法，在 DriverManager 类上存在 3 种形式的 getConnection()方法。

(1) Static Connection getConnection(String url) throws SQLException：只是简单地给定数据库 url，然后尝试连接。

(2) Static Connection getConnection(String url, String user, String password) throws SQLException：给定数据库 url、数据库的用户名、密码，然后尝试连接。

(3) Static Connection getConnection(String url, Java.util.Properties information) throws SQLException：给定数据库的 url 以及一个属性集合作为参数，然后尝试连接。

其中，第 2 种形式最为常用。getConnection()方法中的参数 url 与网页中常说的 URL (统一资源定位器)不同，JDBC url 提供了一种标识数据库的方法，可以使相应的驱动程序识别该数据库并与之建立连接。JDBC url 是由驱动程序提供者决定的，用户只需要使用与所用驱动程序一起提供的 JDBC url 就可以了。当调用 getConnection()时，它将检查 DriverManager 类中已注册的 Driver 类清单中的驱动程序，直到找到可以与参数 url 中指定的数据库进行连接的驱动程序。

JDBC url 由三部分组成，各个部分之间用冒号分隔，标准语法格式为：

```
jdbc:<子协议>:<子名称>
```

其中，jdbc 表示协议。JDBC url 的协议总是 jdbc。<子协议>表示驱动程序名称或数据库连接机制的名称。<子名称>是一种标识数据库的方法。子名称可以按照不同的子协议而变化，它还可以再有子名称。使用子名称的目的，是为定位数据库提供足够的信息。下面列出常用的几种数据库的连接语句的形式。

第一种，使用 JDBC-ODBC 桥的连接语句如下：

```
String url = "jdbc:odbc:jspdb";
String user = "";
String password = "";
Connection conn = DriverManager.getConnection(url, user, password);
```

这几条语句用于打开 ODBC 中名为 jspdb 的 DSN 所连接的数据库，这种方式需要先配置好 ODBC 数据源，这里用户名为空，密码为空，并将打开的数据库赋值给 Connection 对象 conn。

第二种，使用 SQL Server 的连接语句如下：

```
String url = "jdbc:microsoft:sqlserver://localhost:1433;DatabaseName=pubs";
String user = "sa";
String password = "";
Connection conn = DriverManager.getConnection(url, user, password);
```

这几条语句用于打开与本地主机(localhost)1433 端口连接的 SQL Server 数据库，这里用户名为 sa，密码为空，打开的数据库名为 pubs，并将打开的数据库赋值给 Connection 对象 conn。

第三种，使用 MySQL 的连接语句如下：

```
String url = "jdbc:mysql://localhost/softforum?
  user=aaa&password=bbb&useUnicode=true&characterEncoding=8859_1";
Connection conn = DriverManager.getConnection(url);
```

这两条语句用于打开与本地主机(localhost)连接的 MySQL 数据库，打开的数据库名为 softforum，用户名为 aaa，密码为 bbb，并将打开的数据库赋值给 Connection 对象 conn。

第四种，使用 Oracle 的连接语句如下。

Oracle 提供了两种 JDBC 驱动程序。在使用 Oracle 的 JDBC OCI 驱动程序时，建立连接的语句为：

```
String url = "jdbc:oracle:oci8:@db";
String user = "scott";
String password = "tiger";
Connection conn = DriverManager.getConnection(url, user, password);
```

在使用 Oracle 的 JDBC Thin 驱动程序时，建立连接的语句为：

```
String url = "jdbc:oracle:thin:@host:8080:db";
String user = "scott";
String password = "tiger";
Connection conn = DriverManager.getConnection(url, user, password);
```

这些语句用于打开 Oracle 数据库，用户名为 scott，密码为 tiger，并将打开的数据库赋值给 Connection 对象 conn。

6.2.3　创建 Statement 实例

建立数据库连接(创建 Connection 对象)的目的，是与数据库进行通信。连接一旦建立，就可以向连接的数据库发送 SQL 语句了。JDBC 对 SQL 语句的类型没有限制，它允许使用特定的数据库语句。但是通过 Connection 实例并不能执行 SQL 语句，还必须通过 Connection 实例所提供的方法创建 Statement 实例。Statement 实例又分为以下 3 种类型。

- Statement：该类型的实例只能用来执行静态的 SQL 语句。
- PreparedStatement：该类型的实例增加了执行动态 SQL 语句的功能。
- CallableStatement：该类型的实例增加了执行数据库存储过程的功能。

其中，Statement 是最基础的，PreparedStatement 继承了 Statement，并做了相应的扩展，而 CallableStatement 继承了 PreparedStatement，又做了相应的扩展，从而保证在基本功能的基础上，各自又增加了一些独特的功能。在这三种类型的实例中，最常用的是 Statement 实例和 PreparedStatement 实例，下面对其进行详细介绍。

Connection 类负责维护 JSP 程序和数据库之间的连接，Connection 对象代表与数据库的连接，一个应用程序可以与单个数据库建立一个或多个连接，也可以与多个数据库建立连接。Connection 类创建 Statement 实例的方法如下。

- Statement createStatement() throws SQLException 或 Statement createStatement(int resultSetType, int resultSetConcurrency) throws SQLException：这两个方法用于建立 Statement 类对象。
- PreparedStatement prepareStatement(String sql) throws SQLException：这个方法用于通过参数 SQL 建立 PreparedStatement 类对象。

其中，参数 resultSetType 指定结果集是否可滚动。取值包括：TYPE_FORWARD_ONLY，结果集不可滚动；TYPE_SCROLL_INSENSITIVE，结果集可滚动，不反映数据库的变化；TYPE_SCROLL_SENSITIVE，结果集可滚动，反映数据库的变化。参数 resultSetConcurrency

用于指定结果集是否可以更新数据。取值包括：CONCUR_READ_ONLY，不能用结果集更新数据；CONCUR_UPDATABLE，能用结果集更新数据。

(1) 创建 Statement 实例的语句如下：

```
Statement stmt = conn.createStatement();
```

或者：

```
Statement stmt = conn.createStatement(
  ResultSet.TYPE_SCROLL_SENSITIVE, ResultSet.CONCUR_UPDATABLE);
```

表示创建一个 Statement 对象。

(2) 创建 PreparedStatement 实例的语句如下：

```
PreparedStatement pstmt =
  conn.prepareStatement("insert into user (name,pwd) values(?,?)");
```

此语句表示创建一个具有新增记录功能的 PreparedStatement 对象。

6.2.4　执行 SQL 语句、获得结果

创建了 Statement 实例后，就可以调用 Statement 实例的方法执行 SQL 语句了，并获得执行结果。

1．Statement 类

通过 Statement 类所提供的方法，可以利用标准的 SQL 命令，对数据库直接进行新增、删除或修改记录的操作。常用方法如下。

● ResultSet executeQuery(String sql) throws SQLException：支持使用 Select 语句对数据库进行查询，返回结果集。

● int executeUpdate(String sql) throws SQLException：支持使用 Insert、Delete、Update 语句对数据库进行新增、删除和修改操作，返回本次操作影响的行数。

下面列出执行 SQL 语句的形式。

(1) 利用 Statement 实例执行查询操作的语句举例如下：

```
ResultSet rs = stmt.executeQuery(
  "select * from student where name='李明'");
```

此语句表示在 student 表中查询 name 字段的值为李明的记录。

(2) 利用 Statement 实例执行增加操作的 SQL 语句举例如下：

```
ResultSet rs = stmt.excuteUpdate(
  "insert into user (name,pwd) values ('wgh', 'pwd')");
```

此语句表示向 user 表中增加一条记录，其中，name 字段的值为 wgh，而 pwd 字段的值为 pwd。

2．PreparedStatement 类

PreparedStatement 类继承于 Statement 类，是 Statement 的扩展，用来执行动态的 SQL

语句，即包含参数的 SQL 语句。通过 PreparedStatement 实例执行的动态 SQL 语句，将被预编译并保存到 PreparedStatement 实例中，从而可以反复并且高效地执行该 SQL 语句。

在创建 PreparedStatement 对象时，SQL 语句可以提供参数，在执行 PreparedStatement 对象时，只传递参数值。通过传递不同的参数值多次执行 PreparedStatement 对象，可以得到多个不同的结果。常用方法如下。

- ResultSet executeQuery() throws SQLException：通过 Select 语句对数据库进行查询，返回结果集。
- int executeUpdate() throws SQLException：通过 Insert、Delete、Update 对数据库进行新增、删除和修改操作，返回本次操作影响的行数。
- void setString(int parameterIndex, Date x) throws SQLException：将字符串类型数值赋值给 PreparedStatement 类对象的 IN 参数(即问号?占位符)。

下面列出执行 SQL 语句的形式。

(1) 利用 PreparedStatement 实例执行查询操作的 SQL 语句如下：

```
PreparedStatement pstmt =
  conn.prepareStatement("select * from student where name=?");
pstmt.setString(1, "李明");
ResultSet rs = pstmt.executeQuery();
```

此语句表示在 student 表中查询 name 字段的值为"李明"的记录。

(2) 利用 PreparedStatement 实例执行增加操作的 SQL 语句如下：

```
PreparedStatement pstmt =
  conn.prepareStatement("insert into user (name,pwd) values(?,?)");
pstmt.setString(1, "wgh");
pstmt.setString(2, "pwd");
ResultSet rs = pstmt.executeUpdate();
```

此语句表示向 user 表中增加一条记录，其中，name 字段的值为"wgh"，pwd 字段的值为"pwd"。

PreparedStatement 类和 Statement 类的不同之处，在于 PreparedStatement 的类扩展了 Statement 类，并且包括了 Statement 类的所有方法，而且比 Statement 类的效率更高。

PreparedStatement 类对象会将传入的 SQL 命令事先编好，等待使用，所以当程序中有单一的 SQL 语句被执行多次时，用 PreparedStatement 类比用 Statement 类更有效率。

PreparedStatement 实例包含已编译的 SQL 语句。PreparedStatement 对象中包含的 SQL 语句可以包含一个或多个 IN 参数，这些参数值在 SQL 语句创建时没有指定。语句为每个参数保留一个问号 "?" 作为占位符。PreparedStatement 类包含一组形式如 setXXX() 的方法，用于设置参数的值。每个问号的值必须在该语句执行之前，通过适当的 setXXX() 方法来提供。作为 Statement 的子类，PreparedStatement 继承了 Statement 的所有功能。它还添加了很多方法，用于设置发送给数据库以取代参数占位符的值。而且方法 executeQuery() 和 executeUpdate() 已经被更改，这些方法不再需要参数。这也是这些方法在 Statement 对象和 PreparedStatement 对象中使用上的区别。

ResultSet 类对象负责存储查询数据库的结果，是结果集对象。类似于一个数据表，通

过维护记录指针，可以获得数据表的相关信息。ResultSet 类常用的方法如下。

- boolean first() throws SQLException：移动记录指针到第一条记录。
- boolean last() throws SQLException：移动记录指针到最后一条记录。
- boolean next() throws SQLException：移动记录指针到下一条记录。
- boolean beforeFirst() throws SQLException：移动记录指针到第一条记录之前。
- XXX getXXX() throws SQLException：取得指定字段的值，这里，XXX 指字段的类型名。

下面给出对结果集进行操作的语句示例。对于如下结果集：

```
ResultSet rs = stmt.executeQuery("select * from student");
```

移动记录指针到 student 表的第一条记录：

```
rs.first();
```

移动记录指针到 student 表的最后一条记录：

```
rs.last();
```

移动记录指针到 student 表的下一条记录：

```
rs.next();
```

移动记录指针到 student 表的第一条记录之前：

```
rs. beforeFirst();
```

取得当前记录中第 1 个字段的值：

```
String s = rs.getString(1);
```

此语句代表获取 rs 结果集当前记录中第 1 个字段的值，而且，这个字段的类型是字符串型的。

💡 注意： 在建立 Connection、Statement 和 ResultSet 实例时，都需要占用一定的数据库和 JDBC 资源，所以每次访问数据库结束后，应及时销毁这些实例，释放它们占用的资源。

6.2.5 关闭连接

在建立 Connection、Statement、ResultSet 实例时，都需要占用一定的资源，当访问数据库操作结束后，应该及时销毁这些实例，释放资源。这需要通过实例的 close()方法实现，并且建议关闭的顺序与建立时相反，即：

```
resultSet.close();
statement.close();
connection.close();
```

这样做的好处，是能够保证无论用 JDBC 连接数据库，还是用连接池连接数据库，都能顺利地关闭连接、释放资源。

6.3　数据库的操作技术

通过 JDBC 对数据库进行操作，其实质是将 SQL 语句发送给数据库并执行的过程，SQL(Structured Query Language，结构化查询语言)是一种数据查询和编程语言，是操作数据库的标准语言。

6.3.1　SQL 常用命令

SQL 主要用来存取数据库的内容，它具有方便、简单、功能强大的特点，SQL 语言包括了对数据库的设计、查询、维护、控制、保护等功能。SQL 语言和其他程序设计语言相比，最大的优势在于，SQL 是一种非常易于学习和使用的语言，花很少时间就可以学会 SQL 最常使用的命令。下面简单介绍一下常用的 SQL 语句。

1．创建数据库

create 命令用于创建数据库，其语法格式如下：

```
create database database_name
```

其中，database_name 是数据库名。

例如：

```
create database manage
```

此语句表示创建名为 manage 的数据库。

2．删除数据库

drop 命令用于删除数据库，其语法格式如下：

```
drop database database_name
```

其中，database_name 是数据库名。

例如：

```
drop database manage
```

此语句表示删除名为 manage 的数据库。

3．创建表

create 命令用于创建表，其语法格式如下：

```
create table table_name(column1 datatype[not null][not null primary key],
  column2 datatype[not null], ...)
```

其中，table_name 是表名，column1、column2 为字段名，[]中的项为可选项，not null 为指定该字段是否允许为空，datatype 是字段的数据类型，primary key 是指定字段为表的主键。

JSP 编程技术

例如：

```
create table student(id int not null primary key,
                     name char (8) not null,
                     birth datatime,
                     phone int (12))
```

此语句表示创建名为 student 的表，表中的字段有 id、name、birth、phone，其中 id 字段为主键，并且不能为空；name 字段不能为空。

4．删除表

drop 命令用于删除表，其语法格式如下：

```
drop table table_name
```

其中，table_name 是表名。

例如：

```
drop table student
```

此语句表示删除名为 student 的表。

5．更改表的结构

alter 命令用于更改表的结构，可以增加、删除字段、改变字段的数据类型、为字段重命名等，其语法格式如下：

```
alter table table_name alter_spec
```

其中，table_name 是表名，alter_spec 表示要修改的动作。

在表中添加、删除字段的语法格式如下：

```
alter table table_name add column_name datatype
alter table table_name drop column_name
```

例如：

```
alter table student add addr char (50)
alter table student drop birth
```

这两条语句分别表示在名为 student 的表中增加 addr 字段，该字段的数据类型为字符型；删除 birth 字段。

6．查询记录

select 命令用于查询表中的记录，其语法格式如下：

```
select column1,column2,... from table_name
```

其中，column1、column2 表示要查询的字段，table_name 是表名。

(1) 查询表中的所有记录和字段。例如：

```
select * from student
```

此语句表示查询 student 表中的所有记录。

(2)　查询所有记录的指定字段。例如：

```
select name, phone from student
```

此语句表示查询 student 表中所有记录的 name 和 phone 字段。

(3)　条件查询。除基本查询外，select 还可以带有子句，即按条件进行查询，如 where (条件查询)、order by(排序)、group by(分组)等。例如：

```
select * from student where id=2
```

此语句表示查询 student 表中 id 等于 2 的记录。又如：

```
select * from student where name="王巍" and phone=045187654321
```

此语句表示查询 student 表中名字为王巍、电话为 045187654321 的记录。再如：

```
select * from student order by name
```

此语句表示将 student 表按 name 字段排序。默认为升序(asc)，如果要降序排序，则应当使用 desc。

(4)　模糊查询。like 用于查找字符串的匹配，"*"和"%"表示零个或更多字符的任意字符串。例如：

```
select * from student where name like "%李%"
```

此语句表示查询 student 表中 name 字段以"李"开始的所有记录。

7. 更新记录

要修改表中的记录，应使用 update 命令，其语法格式如下：

```
update table_name set column1=value1, column2=value2, ... [where condition]
```

其中，table_name 是表名，column1、column2 表示要修改的字段，value1、value2 是对应字段的新值，where 子句表示更新记录要符合的条件。

例如：

```
update student set phone=18756572345 where name="王巍"
```

此语句表示将 student 表中 name 字段为王巍的记录的 phone 字段改为 18756572345。

8. 添加记录

insert 命令用于在表中添加记录，其语法格式如下：

```
insert into table_name (column1,column2,...) values (value1,value2,...)
```

其中，table_name 是表名，column1、column2 表示要添加记录的字段，value1、value2 是对应字段的值，此时要注意字段顺序与值的顺序要对应，并且数据类型要匹配，否则会出错。

例如：

```
insert into student (id, name, birth, phone) values (10, "赵娜", 1988-6-1,
15835467855)
```

此语句表示向将 student 表中添加一条 id 为 10、name 为赵娜、birth 为 1988-6-1，phone 为 15835467855 的记录。

9. 删除记录

delete 命令用于在表中删除记录，其语法格式如下：

```
delete from table_name [where condition]
```

其中，table_name 是表名，where 子句表示删除记录要符合的条件。

例如：

```
delete form student where phone=15835467855
```

此语句表示删除 student 表中 phone 字段值等于 15835467855 的记录。

6.3.2 创建数据库

在开发 Web 应用程序时，经常需要对数据库进行操作，最常用的数据库操作包括查询、更新、添加、删除数据库中的数据，这些都可以通过上面介绍的 SQL 语句来实现。在对数据库操作之前，首先要创建数据库。下面的例子除特别说明外，均采用 Access 数据库作为默认数据库，利用 Access 创建数据库的过程如下。

选择"开始"→"程序"→"Microsoft Office"→"Microsoft Office Access 2003"，启动 Access 软件，如图 6-13 所示。选择"文件"→"新建"菜单命令，打开"新建文件"任务窗格，从中选择"空数据库"选项，打开"文件新建数据库"对话框，如图 6-14 所示，为新建数据库选择存放位置及名称。

"保存位置"选择在 JSP 项目根目录 WebContent 下，在"文件名"下拉列表框中输入数据库名称"employee"。单击"创建"按钮，完成数据库的创建。在如图 6-15 所示的窗口中双击"使用设计器创建表"，打开表的"设计视图"，如图 6-16 所示。

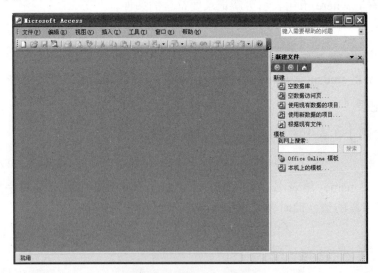

图 6-13　启动 Access 软件

图 6-14　创建新数据库

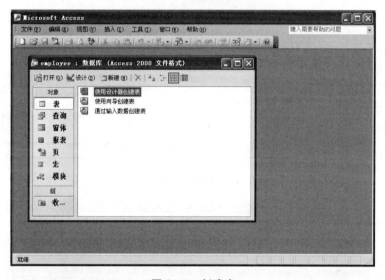

图 6-15　创建表

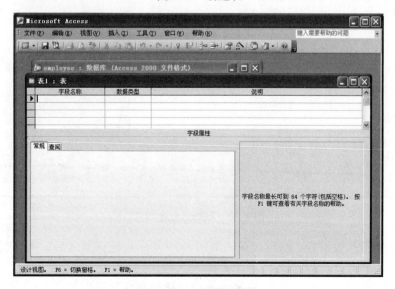

图 6-16　表的设计视图

在表的"设计视图"中设计数据表结构，如图 6-17 所示。设计完成后，单击窗口中的"保存"按钮，在打开的"另存为"对话框的"表名称"文本框中输入"salary"，单击"确定"按钮，然后关闭"设计视图"，结果如图 6-18 所示。

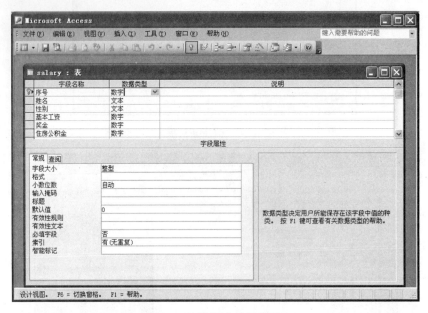

图 6-17　数据表结构设计

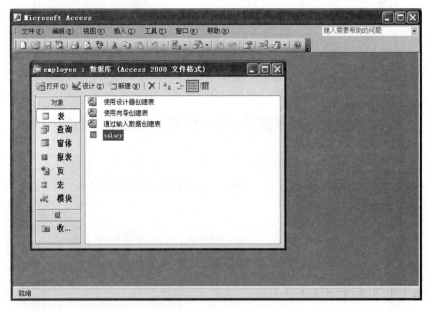

图 6-18　数据表创建完成

双击 salary 打开数据表，输入记录，如图 6-19 所示。完成输入后，关闭窗口。至此，就完成了数据库和数据表的创建。

然后就可以在 JSP 网页中利用 employee 数据库进行各种操作了。

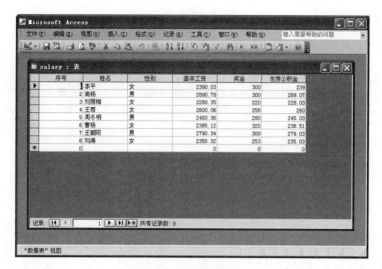

图 6-19　输入记录

6.3.3　查询操作

根据查询方式的不同,查询可分为顺序查询、随机查询、参数查询、排序查询、模糊查询等。查询时,利用了 SQL 语句中的 select 命令。

1. 顺序查询

查询表中的所有记录,并将全部记录的全部字段顺序地显示输出。对顺序查询中获得的结果集(ResultSet 对象)使用 next()方法将游标一行一行向下移动,就可以对应数据库的每条记录了,然后用 getXxx()方法,就可以获取记录的字段值,即记录的数据项。

getXxx()方法的参数可以是字段索引(第一个字段是 1,第 2 个字段是 2,依次类推),也可以是字段名。

【例 6-1】查询 salary 工资表中的所有记录并在页面输出。程序的关键代码如下:

```
<%@ page import="java.sql.*"%>
<center><h3>职工数据库中所有的记录</h3></center>
<%
try {
    String driverClass = "sun.jdbc.odbc.JdbcOdbcDriver";
    String path = request.getRealPath("");
    String url = "jdbc:odbc:driver={Microsoft Access Driver(*.mdb)};DBQ="
                + path + "/employee.mdb";
    String username = "";
    String password = "";

    Class.forName(driverClass);
    Connection conn =
      DriverManager.getConnection(url, username, password);
    Statement stmt = conn.createStatement(
      ResultSet.TYPE_SCROLL_SENSITIVE, ResultSet.CONCUR_UPDATABLE);
```

```
            ResultSet rs = stmt.executeQuery("select * from salary");

        out.print("<table border align='center'>");
        out.print("<tr>");
        rs.last();
        out.print("<td colspan=6 align='center'> 职工(共"
           + rs.getRow() + "条记录)</td>");
        rs.beforeFirst();
        out.print("</tr>");

        //数据库显示代码
        out.print("<tr>");
        out.print("<th width=100>" + "序号</th>");
        out.print("<th width=100>" + "姓名</th>");
        out.print("<th width=100>" + "性别</th>");
        out.print("<th width=100>" + "基本工资</th>");
        out.print("<th width=100>" + "奖金</th>");
        out.print("<th width=130>" + "住房公积金</th>");
        out.print("</tr>");

        while(rs.next()) {
           out.print("<tr align='center'>");
           out.print("<td>" + rs.getInt(1) + "</td>");
           out.print("<td>" + rs.getString(2) + "</td>");
           out.print("<td>" + rs.getString(3) + "</td>");
           out.print("<td>" + rs.getFloat(4) + "</td>");
           out.print("<td>" + rs.getFloat(5) + "</td>");
           out.print("<td>" + rs.getFloat(6) + "</td>");
           out.print("</tr>");
        }
        out.print("</table>");
        //释放资源的代码
        rs.close();
        stmt.close();
        conn.close();
} //异常处理代码
catch(ClassNotFoundException e) {
        out.println("驱动程序类异常，加载出错! <br>");
        out.println(e.getMessage());
} catch(SQLException e) {
        out.println("数据库连接或 SQL 查询异常! <br>");
        out.println(e.getMessage());
} catch(Exception e) {
        out.println("出现其他异常! <br>");
        out.println(e.getMessage());
}
%>
```

　　从程序代码可以看出，对数据库进行操作的步骤为：加载数据库驱动程序；创建数据库连接；执行 SQL 语句；对结果集进行访问、关闭对象。

本例中，JDBC 驱动程序采用的是 JDBC-ODBC Bridge 方式，如未特别说明，以下例子均采用这种驱动方式。

由于在本例中 url 采用的是系统默认的连接，Access 数据库的驱动是 Microsoft Access Driver(*.mdb)，所以不需要手动配置 ODBC 驱动，利用 request 对象的 getRealPath()方法可以获得数据库文件的存放路径。连接数据库 employee，并且数据库用户名和密码均为空。

执行 SQL 语句的对象是只能执行静态 SQL 语句的 Statement 对象。利用 Statement 对象的 executeQuery()方法获得结果集，最后，对结果集进行遍历，输出所有记录。

运行结果如图 6-20 所示。

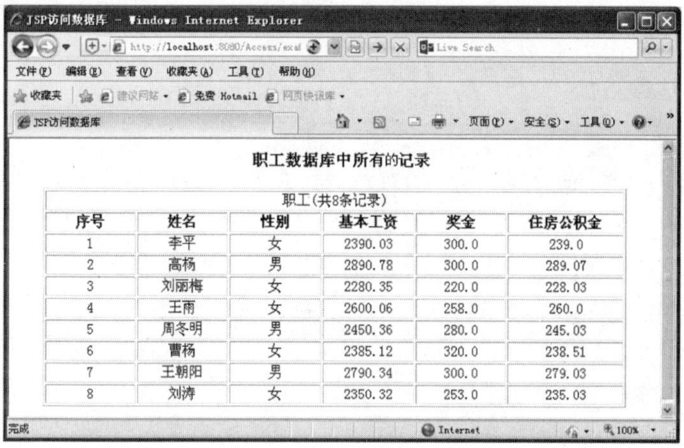

职工(共8条记录)					
序号	姓名	性别	基本工资	奖金	住房公积金
1	李平	女	2390.03	300.0	239.0
2	高杨	男	2890.78	300.0	289.07
3	刘丽梅	女	2280.35	220.0	228.03
4	王雨	女	2600.06	258.0	260.0
5	周冬明	男	2450.36	280.0	245.03
6	曹杨	女	2385.12	320.0	238.51
7	王朝阳	男	2790.34	300.0	279.03
8	刘涛	女	2350.32	253.0	235.03

图 6-20　顺序查询的结果

2. 参数查询

实际应用中，经常用到根据某种条件查询数据库的记录，所以本例需要先创建用户表单，由用户提交查询条件，然后根据用户提交的条件创建相应的 SQL 语句进行查询。

【例 6-2】在 salary 工资表中，按用户提交的姓名，查询相关的记录。

程序的关键代码如下：

```
<%
request.setCharacterEncoding("gb2312");
String name = request.getParameter("name");
try {
   if(name==null || name.equals(""))
      out.print("<center><h3>参数查询</h3></center>");
   else
      out.print("<center><h3>职工数据库中姓名为“"
                + name + "”的记录</h3></center>");

   out.print("<table border align='center'>");
   out.print("<tr><td colspan=6>");
   out.print("<form method='post'>");
   out.print("请选择查询者姓名<select name='name'>");
   if(name==null || name.equals(""))
      out.print("<option value='' selected></option>");
```

```
else
    out.print(
      "<option value=" + name + " selected>" + name + "</option>");

String driverClass = "sun.jdbc.odbc.JdbcOdbcDriver";
String path = request.getRealPath("");
String url =
  "jdbc:odbc:driver={Microsoft Access Driver(*.mdb)};DBQ="
  + path + "/employee.mdb";
String username = "";
String password = "";

Class.forName(driverClass);
Connection conn =
  DriverManager.getConnection(url, username, password);
Statement stmt = conn.createStatement(
  ResultSet.TYPE_SCROLL_SENSITIVE, ResultSet.CONCUR_UPDATABLE);
ResultSet rs = stmt.executeQuery("select * from salary");

while(rs.next()) {
    String s = rs.getString(2);
    out.print("<option value=" + s + ">" + s + "</option>");
}
out.print("<input type='submit' name='submit' value='提交'>");
out.print("</td></form></tr>");

if(name!=null && !name.equals(""))
{
    rs = stmt.executeQuery(
      "select * from salary where 姓名='" + name + "'");
    out.print("<tr>");
    rs.last();
    out.print("<td colspan=6 align='center'>符合条件职工(共"
            + rs.getRow() + " 条记录)</td>");
    rs.beforeFirst();
    out.print("</tr>");

    //省略数据库显示代码
}
out.print("</table>");
//省略释放资源的代码
}
//省略异常处理代码
%>
```

从程序代码可以看出，在数据库连接后，页面显示查询条件，如图 6-21 所示。等待用户在下拉列表中选择要查询人的姓名。下拉列表里的选项利用了数据库中姓名字段的值，是将姓名字段的所有值作为下拉列表的选项，这样，用户就可以在下拉列表中选择要查询的姓名了，避免了输入数据库中不存在的姓名时查询失败的问题，而且也省去了用户输入的麻烦。然后根据用户选择的姓名，创建相应的查询语句进行查询，最后将查询结果显示在页面上。

图 6-21　参数查询首页

运行结果如图 6-22 所示。

图 6-22　参数查询结果页

3. 排序查询

数据库中的记录很多，有时需要按照某个字段进行排序，来输出记录，这时就可以利用 SQL 语句中的 order by 子句了。排序过程中，可以使用升序，也可以使用降序。

【例 6-3】对 salary 工资表中的记录，按用户选择的字段和排序方式进行排序。程序的关键代码如下：

```jsp
<%
request.setCharacterEncoding("GB2312");
String field = request.getParameter("field");
String order = request.getParameter("order");
try {
   if(field!=null && order!=null)
      out.print("<h3><center>按“"
       + field + "、" + order + "”排序的职工数据库</center></h3>");
   else
      out.print("<h3><center>排序查询</center></h3>");

   out.print("<table border align='center'>");
   out.print("<tr><td colspan=6>");
   out.print("<form method='post'>");
   if(order != null)
```

```
{
    if(order.equals("升序"))
    {
        order = "asc";
        out.print("请选择排序方式及字段：<input type='radio' name='order'
                value='升序' checked>升序  ");
        out.print("<input type='radio' name='order'
                value='降序'>降序  ");
    }
    else
    {
        order = "desc";
        out.print("请选择排序方式及字段：<input type='radio' name='order'
                value='升序'>升序  ");
        out.print("<input type='radio' name='order'
                value='降序' checked>降序  ");
    }
}
else {
    out.print("请选择排序方式及字段：<input type='radio' name='order'
            value= '升序'>升序  ");
    out.print("<input type='radio' name='order'
            value='降序'>降序  ");
}
out.print("<input type='submit' name='submit' value='提交'>");
out.print("</td></tr>");

out.print("<tr>");
out.print("<th width=100>" + "序号</th>");
out.print("<th width=100>" + "姓名");
if(field!=null&&field.equals("姓名"))
    out.print("
    <input type='radio' name='field' value='姓名' checked></th>");
else
    out.print("<input type='radio' name='field' value='姓名'></th>");

out.print("<th width=100>" + "性别");
if(field!=null && field.equals("性别"))
    out.print(
    "<input type='radio' name='field' value='性别' checked></th>");
else
    out.print("<input type='radio' name='field' value='性别'></th>");

out.print("<th width=150>" + "基本工资");
if(field!=null && field.equals("基本工资"))
    out.print("<input type='radio' name='field'
                value='基本工资' checked></th>");
else
    out.print(
    "<input type='radio' name='field' value='基本工资'></th>");
```

```
    out.print("<th width=100>" + "奖金");
    if(field!=null && field.equals("奖金"))
        out.print(
            "<input type='radio' name='field' value='奖金' checked></th>");
    else
        out.print("<input type='radio' name='field' value='奖金'></th>");

    out.print("<th width=180>" + "住房公积金");
    if(field!=null && field.equals("住房公积金"))
        out.print("<input type='radio' name='field'
                    value='住房公积金' checked></th>");
    else
        out.print(
            "<input type='radio' name='field' value='住房公积金'></th>");
    out.print("</form>");
    out.print("</tr>");

    if(field!=null && order!=null)
    {
        String driverClass = "sun.jdbc.odbc.JdbcOdbcDriver";
        String path = request.getRealPath("");
        String url =
            "jdbc:odbc:driver={Microsoft Access Driver(*.mdb)};DBQ="
            + path + "/employee.mdb";
        String username = "";
        String password = "";

        Class.forName(driverClass);
        Connection conn =
            DriverManager.getConnection(url, username, password);
        Statement stmt = conn.createStatement(
            ResultSet.TYPE_SCROLL_SENSITIVE, ResultSet.CONCUR_UPDATABLE);
        ResultSet rs = stmt.executeQuery(
            "select * from salary order by " + field + " " + order);
        while(rs.next()) {
            out.print("<tr align='center'>");
            out.print("<td>" + rs.getInt(1) + "</td>");
            out.print("<td>" + rs.getString(2) + "</td>");
            out.print("<td>" + rs.getString(3) + "</td>");
            out.print("<td>" + rs.getFloat(4) + "</td>");
            out.print("<td>" + rs.getFloat(5) + "</td>");
            out.print("<td>" + rs.getFloat(6) + "</td>");
            out.print("</tr>");
        }
        //省略释放资源的代码
    }
    out.print("</table>");
}
//省略异常处理代码
%>
```

运行程序后，首先显示用于接收用户排序条件的两组单选按钮，分别用来设置排序方式和排序字段，如图 6-23 所示。

图 6-23　排序查询首页

在用户选定并单击"提交"按钮后，根据用户选择的排序方式和排序字段，创建相应的查询语句，在数据库中进行排序。最后，将排序结果显示在页面上，运行结果如图 6-24 所示。

序号	姓名	性别	基本工资	奖金	住房公积金
7	王朝阳	男	2790.34	300.0	279.03
5	周冬明	男	2450.36	280.0	245.03
2	高杨	男	2890.78	300.0	289.07
8	刘涛	女	2350.32	253.0	235.03
6	曹杨	女	2385.12	320.0	238.51
4	王雨	女	2600.06	258.0	260.0
3	刘丽梅	女	2280.35	220.0	228.03
1	李平	女	2390.03	300.0	239.0

图 6-24　排序查询结果页

4．模糊查询

在做查询工作时，经常用到查询包含某个字符的所有记录，而不确切指定要查询的字段值，这就用到了利用通配符进行模糊匹配，利用的是 SQL 语句的操作符 like，用%代替一个或多个字符。

【例 6-4】对 salary 工资表中的记录按用户输入的姓名进行查询，可以只输入姓名的一部分。程序的关键代码如下：

```
<%
String name = request.getParameter("name");
try {
    if(name!=null && !name.equals(""))
    {
        name = new String(name.getBytes("ISO-8859-1"), "gb2312");
        out.print("<h3><center>职工数据库中姓名中含有""
        + name + ""的记录</center></h3>");
```

```
    }
    else
        out.print("<h3><center>模糊查询</center></h3>");
out.print("<table border align='center'>");
out.print("<tr><td colspan=8>");
out.print("<form method='get'>");
out.print(
    "请输入职工姓名(可输入姓名中的某个字)<input type='text' name='name'>");
out.print("<input type='submit' name='submit' value='提交'>");
out.print("</td></form></tr>");
if(name!=null && !name.equals(""))
{
    String driverClass = "sun.jdbc.odbc.JdbcOdbcDriver";
    String path = request.getRealPath("");
    String url =
        "jdbc:odbc:driver={Microsoft Access Driver(*.mdb)};DBQ="
        + path + "/employee.mdb";
    String username = "";
    String password = "";
    Class.forName(driverClass);
    Connection conn =
        DriverManager.getConnection(url, username, password);
    Statement stmt = conn.createStatement(
        ResultSet.TYPE_SCROLL_SENSITIVE, ResultSet.CONCUR_UPDATABLE);
    ResultSet rs = stmt.executeQuery(
        "select * from salary as name where 姓名 like '%" + name + "%'");
    out.print("<tr>");
    rs.last();
    out.print("<td colspan=8 align='center'>符合条件职工(共"
            + rs. getRow() + "条记录)</td>");
    rs.beforeFirst();
    out.print("</tr>");
    if(rs.next())
    {
        rs.beforeFirst();
        out.print("<tr>");
        out.print("<th width=100>" + "序号</th>");
        out.print("<th width=100>" + "姓名</th>");
        out.print("<th width=100>" + "性别</th>");
        out.print("<th width=100>" + "基本工资</th>");
        out.print("<th width=100>" + "奖金</th>");
        out.print("<th width=130>" + "住房公积金</th>");
        out.print("<th width=100>" + "修改</th>");
        out.print("<th width=100>" + "删除</th>");
        out.print("</tr>");
        while(rs.next()) {
            int i = rs.getInt(1);
            out.print("<tr align='center'>");
            out.print("<td>" + rs.getInt(1) + "</td>");
            out.print("<td>" + rs.getString(2) + "</td>");
```

```
            out.print("<td>" + rs.getString(3) + "</td>");
            out.print("<td>" + rs.getFloat(4) + "</td>");
            out.print("<td>" + rs.getFloat(5) + "</td>");
            out.print("<td>" + rs.getFloat(6) + "</td>");
            out.print(
              "<td><a href='form.jsp?id=" + i + "'>修改</a></td>");
            out.print(
              "<td><a href='delete.jsp?id=" + i + "'>删除</a></td>");
            out.print("</tr>");
          }
        }
        //省略释放资源的代码
      }
    out.print("</table>");
}
//省略异常处理代码
%>
```

从程序代码可以看出，程序运行后，首先应显示输入职工姓名的文本框。等待用户输入要查询的职工姓名，当然，可以只输入姓名的一部分，如图 6-25 所示。

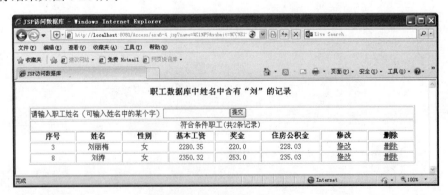

图 6-25　模糊查询首页

根据用户输入的姓名，创建相应的查询语句进行查询，最后将查询结果显示在页面中。运行结果如图 6-26 所示。

职工数据库中姓名中含有"刘"的记录

请输入职工姓名（可输入姓名中的某个字）　　提交
符合条件职工（共2条记录）

序号	姓名	性别	基本工资	奖金	住房公积金	修改	删除
3	刘丽梅	女	2280.35	220.0	228.03	修改	删除
8	刘涛	女	2350.32	253.0	235.03	修改	删除

图 6-26　模糊查询结果页

6.3.4　更新操作

数据库中的记录在输入后，可能会发生变化，这时，就需要修改数据，这就是数据库的更新。数据库的更新用到了 SQL 语句中的 update 命令。

【例 6-5】对 salary 工资表中的记录进行修改，修改的数据由用户输入。

本程序由三个页面组成，其中利用了模糊查询功能，是在模糊查询后进行记录的修改，其结构如图 6-27 所示。

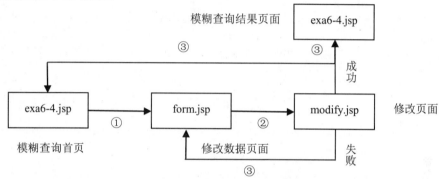

图 6-27　更新程序的结构框图

程序的关键代码如下：

```
<!--form.jsp-->
<center><h3>修改数据记录</h3></center>
<%
String id = request.getParameter("id");
if(id == null)
    return;
try {
    String driverClass = "sun.jdbc.odbc.JdbcOdbcDriver";
    String path = request.getRealPath("");
    String url = "jdbc:odbc:driver={Microsoft Access Driver(*.mdb)};DBQ="
                 + path + "/employee.mdb";
    String username = "";
    String password = "";
    Class.forName(driverClass);
    Connection conn =
      DriverManager.getConnection(url, username, password);
    Statement stmt = conn.createStatement(
      ResultSet.TYPE_SCROLL_SENSITIVE, ResultSet.CONCUR_UPDATABLE);
    ResultSet rs =
      stmt.executeQuery("select * from salary where 序号 = " + id);
    rs.next();
    out.print("<form action='modify.jsp' method='post'>");
    out.print("<table border align='center'>");
    out.print("<tr><td colspan=2 align='center'>更新数据库第"
      + id + "条记录</td></tr>");
    out.print(
```

```
        "<input type='hidden' name='id' value=" + rs.getInt(1) + ">");
    out.print("<tr>");
    out.print(
      "<td width=200>姓名</td><td><input type='text' name='name' value="
      + rs.getString(2) + "></td>");
    out.print("</tr>");
    out.print("<tr>");
    out.print("<td width=200>性别</td>");
    if(rs.getString(3).equals("男"))
        out.print(
          "<td><input type='radio' name='sex' value='男' checked>男");
    else
        out.print("<td><input type='radio' name='sex' value='男'>男");
    if(rs.getString(3).equals("女"))
        out.print(
          "<input type='radio' name='sex' value='女' checked>女</td>");
    else
        out.print("<input type='radio' name='sex' value='女'>女</td>");
    out.print("</tr>");
    out.print("<tr>");
    out.print("<td width=200>基本工资</td><td><input type='text'
              name='salary' value=" + rs.getFloat(4) + "></td>");
    out.print("</tr>");
    out.print("<tr>");
    out.print(
      "<td width=200>奖金</td><td><input type='text' name='bonus' value="
      + rs.getFloat(5) + "></td>");
    out.print("</tr>");
    out.print("<tr>");
    out.print("<td width=200>住房公积金</td><td><input type='text'
              name='subsidy' value=" + rs.getFloat(6) + "></td>");
    out.print("</tr>");
    out.print("<tr>");
    out.print("<td colspan=2 align='center'><input type='submit'
              name='submit' value='提交'>");
    out.print("<input type='reset' name='reset' value='重置'></td>");
    out.print("</tr>");
    out.print("</table>");
    out.print("</form>");
    //省略数据库关闭代码
}
//省略异常处理代码
%>

<!--modify.jsp-->
<%
request.setCharacterEncoding("GB2312");
String id = request.getParameter("id");
String name = request.getParameter("name");
String sex = request.getParameter("sex");
```

```jsp
String salary = request.getParameter("salary");
String bonus = request.getParameter("bonus");
String subsidy = request.getParameter("subsidy");
String submit = request.getParameter("submit");
if(id == null)
    return;
try {
    if(name.equals(""))
        throw new Exception();
    int nid = Integer.parseInt(id);
    float fsalary = Float.parseFloat(salary);
    float fbonus = Float.parseFloat(bonus);
    float fsubsidy = Float.parseFloat(subsidy);
    String driverClass = "sun.jdbc.odbc.JdbcOdbcDriver";
    String path = request.getRealPath("");
    String url = "jdbc:odbc:driver={Microsoft Access Driver(*.mdb)};DBQ="
                + path + "/employee.mdb";
    String username = "";
    String password = "";
    Class.forName(driverClass);
    Connection conn =
      DriverManager.getConnection(url, username, password);
    Statement stmt = conn.createStatement(
      ResultSet.TYPE_SCROLL_SENSITIVE, ResultSet.CONCUR_UPDATABLE);

    String condition;
    condition = "update salary set 姓名 ='" + name
      + "',性别 ='" + sex + "',基本工资 ='" + fsalary
      + "',奖金 ='" + fbonus + "',住房公积金 ='" + fsubsidy
      + "' where 序号 =" + nid + "";
    stmt.executeUpdate(condition);

    stmt.close();
    conn.close();

    out.print("<a href='exa6-4.jsp?name="
                + name + "'>修改成功，单击查看修改结果!</a>");
    out.print("5 秒钟后返回查询页面! ");
    response.setHeader("Refresh", "5;url=exa6-4.jsp");
} catch(ClassNotFoundException e) {
    out.println("驱动程序类异常，加载出错! <br>");
    out.println(e.getMessage());
} catch(SQLException e) {
    out.println("数据库连接或 SQL 查询异常! <br>");
    out.println(e.getMessage());
} catch(Exception e) {
    out.println("<a href='form.jsp?id="
      + id + "'>出现其他异常! 输入的数据不正确，请重新输入! </a><br>");
}
%>
```

在例 6-4 运行的基础上，如果要修改哪条记录，就单击该记录对应的"修改"超链接，并通过超链接将记录关键字"序号"字段的值传递给 form.jsp 程序。form.jsp 程序是显示修改数据的页面，在数据库中查询到该条记录，将该记录的各个字段的原始值显示在表单中，这时，要修改哪个数据，就可以进行修改了，如图 6-28 所示。修改完毕，单击"提交"按钮，程序转至 modify.jsp 页面。modify.jsp 首先获取 form.jsp 页面传递的参数值，然后构建 update 语句，利用 Statement 对象的 executeUpdate()方法执行更新操作。修改成功，则跳转至如图 6-29 所示的页面，此时可以查看如图 6-30 所示的修改结果页面，或者回到模糊查询首页，完成更新操作；失败则跳转至如图 6-31 所示的页面，需要重新输入数据。

图 6-28　修改数据页面

图 6-29　修改成功页面

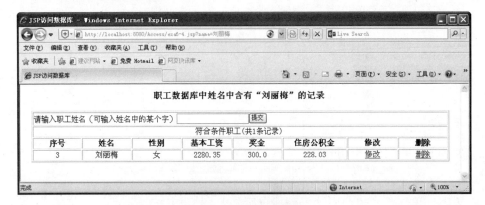

图 6-30　修改结果页面

图 6-31　修改失败页面

6.3.5　添加操作

为了在数据库中增加新的记录，可以利用添加功能。添加是利用 SQL 语句的 insert 命令实现的。

【例 6-6】向 salary 工资表添加新记录，新记录由用户输入。本程序由三个页面组成，其结构如图 6-32 所示。

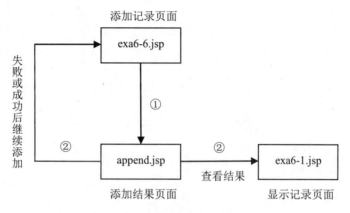

图 6-32　添加程序的结构框图

其中，显示记录的页面 exa6-1.jsp 程序已在例 6-1 中给出，本例中不再重复。本程序中的其他关键代码如下：

```
<!--exa6-6.jsp-->
<form action="append.jsp" method="post" name="form">
<table border="1" align="center">
   <tr>
   <td width=200>姓名</td><td><input type="text" name="name"></td>
   </tr>
   <tr>
   <td width=200>性别</td>
   <td>
   <input type="radio" name="sex" value="男" checked>男
   <input type="radio" name="sex" value="女">女
   </td>
   </tr>
   <tr>
   <td width=200>基本工资</td><td><input type="text" name="salary"></td>
   </tr>
   <tr><td width=200>奖金</td><td><input type="text" name="bonus"></td>
   </tr>
   <tr>
   <td width=200>住房公积金</td>
   <td><input type="text" name="subsidy"></td>
   </tr>
   <tr>
```

```
      <td colspan=2 align="center">
         <input type="submit" name="submit" value="提交">
         <input type="reset" name="reset" value="重置">
      </td>
      </tr>
</table>
</form>

<!--append.jsp-->
<%
request.setCharacterEncoding("GB2312");
String name = request.getParameter("name");
String sex = request.getParameter("sex");
String salary = request.getParameter("salary");
String bonus = request.getParameter("bonus");
String subsidy = request.getParameter("subsidy");
if(name == null)
    return;

try {
    if(name.equals(""))
        throw new Exception();
    float fSalary = Float.parseFloat(salary);
    float fBonus = Float.parseFloat(bonus);
    float fSubsidy = Float.parseFloat(subsidy);
    String driverClass = "sun.jdbc.odbc.JdbcOdbcDriver";
    String path = request.getRealPath("");
    String url = "jdbc:odbc:driver={Microsoft Access Driver(*.mdb)};DBQ="
                 + path + "/employee.mdb";
    String username = "";
    String password = "";
    Class.forName(driverClass);
    Connection conn =
      DriverManager.getConnection(url, username, password);
    Statement stmt = conn.createStatement(
      ResultSet.TYPE_SCROLL_SENSITIVE, ResultSet.CONCUR_UPDATABLE);
    ResultSet rs = stmt.executeQuery("select * from salary");
    rs.last();
    int number = rs.getRow() + 1;
    rs.close();
    stmt.executeUpdate(
      "insert into salary(序号,姓名,性别,基本工资,奖金,住房公积金)"
      + "values('" + number + "','" + name + "','" + sex + "','"
      + salary + "','" + bonus + "', '" + subsidy + "')");
    stmt.close();
    conn.close();
    out.print("<a href='exa6-1.jsp'>添加成功，单击查看添加结果!</a>");
    out.print("若无动作 5 秒钟后返回继续添加! ");
    response.setHeader("Refresh", "5;url=exa6-6.jsp");
} catch(ClassNotFoundException e) {
```

```
    out.println("驱动程序类异常，加载出错！<br>");
    out.println(e.getMessage());
} catch(SQLException e) {
    out.println("数据库连接或 SQL 查询异常！<br>");
    out.println(e.getMessage());
} catch(Exception e) {
    out.println("<a href='exa6-6.jsp'>
                出现其他异常！输入的数据不正确，请重新输入！</a><br>");
}
%>
```

运行 exa6-6.jsp 添加记录页面，用户输入数据，如图 6-33 所示。单击"提交"按钮，程序转至 append.jsp 程序，append.jsp 程序首先判断输入的数据是否正确。若正确，则出现如图 6-34 所示的成功页面，可以返回添加数据页面继续添加记录，或者查看添加的结果，即显示数据库的所有记录，如图 6-35 所示。若不正确，则出现如图 6-36 所示的出错页面，然后返回添加数据页面重新输入数据。

图 6-33　添加数据页面

图 6-34　添加成功页面

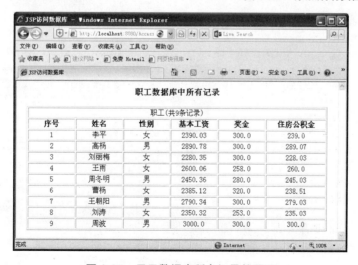

图 6-35　显示数据库所有记录的页面

图 6-36　添加失败页面

6.3.6　删除操作

数据库中的记录若无用后，可以删除。删除记录用到了 SQL 语句中的 delete 命令。

【例 6-7】删除 salary 工资表中的记录。本程序利用了模糊查询功能，是在模糊查询后进行记录的删除。

程序的关键代码如下：

```
<!--delete.jsp-->
<%
request.setCharacterEncoding("GB2312");
String id = request.getParameter("id");
if(id == null)
    return;

try {
    String driverClass = "sun.jdbc.odbc.JdbcOdbcDriver";
    String path = request.getRealPath("");
    String url = "jdbc:odbc:driver={Microsoft Access Driver(*.mdb)};DBQ="
                + path + "/employee.mdb";
    String username = "";
    String password = "";

    Class.forName(driverClass);
    Connection conn =
      DriverManager.getConnection(url, username, password);
    Statement stmt = conn.createStatement(
      ResultSet.TYPE_SCROLL_SENSITIVE, ResultSet.CONCUR_UPDATABLE);

    String condition;
    condition = "delete from salary where 序号=" + id;
    stmt.executeUpdate(condition);

    stmt.close();
    conn.close();

    out.print("删除成功，5 秒钟后返回查询页面！");
    response.setHeader("Refresh", "5;url=exa6-4.jsp");
}
//省略异常处理代码
%>
```

本程序是在例 6-4 运行的基础上，输入要删除人的姓名后，结果如图 6-37 所示。单击该记录对应的"删除"超链接，程序转至 delete.jsp。由 delete.jsp 程序删除记录后，出现如图 6-38 所示的页面，然后返回模糊查询页面。

图 6-37　删除数据页面

图 6-38　删除成功页面

6.3.7　访问 Excel 文件

通过 JDBC 技术，不仅可以访问数据库，还可以访问 Microsoft Office Excel 电子表格。访问电子表格的过程如下。

(1) 选择"开始"→"程序"→"Microsoft Office"→"Microsoft Office Excel 2003"打开 Excel 软件。创建如图 6-39 所示的 Excel 文件，输入完数据后，将文件保存到 JSP 项目的根目录下，并取名为"grade_stats"。

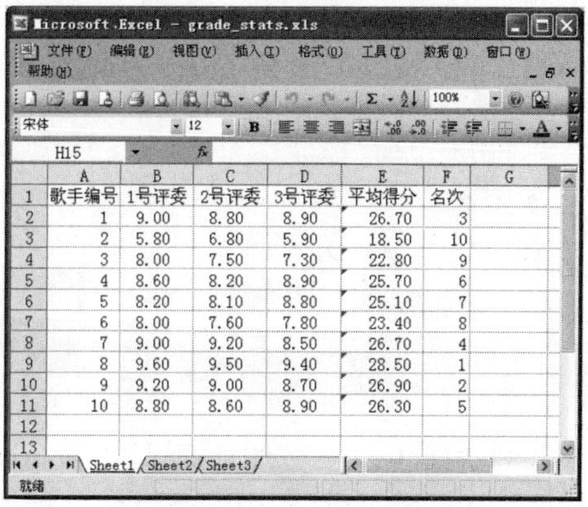

图 6-39　创建 Excel 文件

（2）打开 grade_stats 文件，选择要显示的区域，选择"插入"→"名称"→"定义"菜单命令，弹出"定义名称"对话框，如图 6-40 所示。在"在当前工作簿中的名称"文本框中输入名称，这个名称就是表名，然后单击"添加"按钮，最后单击"确定"按钮，完成表的创建。本例中输入名称为"rank"。

（3）设置数据源：打开"开始"菜单，单击"开始"→"设置"→"控制面板"→"管理工具"→"数据源(ODBC)"选项，打开"ODBC 数据源管理器"对话框。在"ODBC 数据源管理器"对话框中，打开"系统 DSN"选项卡。单击"系统 DSN"选项卡中的"添加"按钮，弹出"创建新数据源"对话框。在"选择您想为其安装数据源的驱动程序"列表框中选择"Driver do Microsoft Excel(*.xls)"选项，单击"完成"按钮，弹出"ODBC Microsoft Excel 安装"对话框，如图 6-41 所示。在"数据源名"文本框内输入数据源的名称，单击"选择工作簿"按钮，选择要连接的 Excel 文件。本例中，将数据源名称设为"jspexcel"(相当于数据库名称)，工作簿选择 JSP 根目录下的名为 grade_stats 的 Excel 文件(注意：文件要取消"只读"选项)。单击"确定"按钮，再次单击"确定"按钮，就完成了 ODBC 数据源的设置。

图 6-40　"定义名称"对话框

图 6-41　"ODBC Microsoft Excel 安装"对话框

【例 6-8】访问 Excel 文件，读取 rank 表中的全部记录。程序的关键代码如下：

```
<%
try
{
    String driverClass = "sun.jdbc.odbc.JdbcOdbcDriver";
    String url = "jdbc:odbc:jspexcel";
    String username = "";  String password = "";
    Class.forName(driverClass);
    Connection conn =
      DriverManager.getConnection(url, username, password);
    Statement stmt = conn.createStatement(
      ResultSet.TYPE_SCROLL_SENSITIVE, ResultSet.CONCUR_UPDATABLE);
    ResultSet rs = stmt.executeQuery("select * from rank");

    //省略数据库显示及关闭代码
}
//省略异常处理代码
%>
```

从程序代码可以看出，本例访问 Excel 文件是通过 JDBC-ODBC 桥接驱动的方式进行的，数据源的名称作为数据库使用，在 Excel 中创定义的名称作为表名。访问的过程与访问其他数据库相同。运行过程如图 6-42 所示。

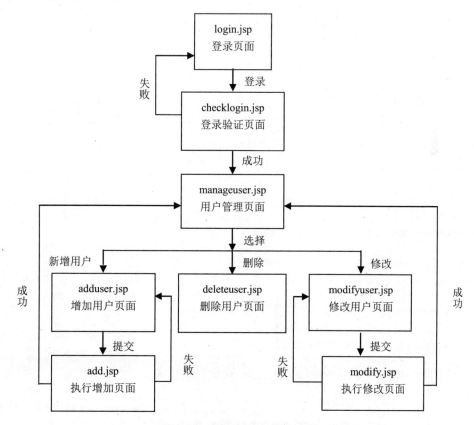

图 6-42　JSP 访问 Excel

6.4　实训六：用户管理系统

本例介绍一个网站用户管理系统，这是大多数网站都会用到的功能，实用性很强。本例中用到的 Access 数据库，名称为 manager.mdb，表名称为 user，其中包含两个字段 name 和 pwd。结构如图 6-43 所示。

```
                         ┌──────────────┐
                         │ login.jsp    │
                         │ 登录页面      │
                         └──────────────┘
                                │ 登录
          失                    ▼
          败         ┌──────────────────┐
                     │ checklogin.jsp   │
                     │ 登录验证页面      │
                     └──────────────────┘
                                │ 成功
                                ▼
              ┌──────────────────────────┐
              │ manageuser.jsp           │
              │ 用户管理页面              │
              └──────────────────────────┘
                                │ 选择
        新增用户          删除          修改
   ┌──────────┐   ┌──────────────┐   ┌──────────────┐
   │ adduser.jsp │ │ deleteuser.jsp │ │ modifyuser.jsp │
   │ 增加用户页面 │ │ 删除用户页面    │ │ 修改用户页面    │
   └──────────┘   └──────────────┘   └──────────────┘
        │ 提交         失败              失败   │ 提交
        ▼                                      ▼
   ┌──────────┐                         ┌──────────────┐
   │ add.jsp   │                         │ modify.jsp    │
   │ 执行增加页面 │                       │ 执行修改页面    │
   └──────────┘                         └──────────────┘
```

图 6-43　用户管理系统的结构

1. 登录功能

首先执行 login.jsp 程序进入系统登录界面。输入用户名和密码，提交至 checklogin.jsp 程序，对所输入的信息进行验证。若通过验证，即数据库中存在此用户，则进入用户管理界面；否则，返回至 login.jsp 重新进行登录。程序的关键代码如下：

```html
<!--login.jsp-->
<form name="form1" method="post" action="checklogin.jsp">
<table width="400" border="1" align="center">
    <tr>
        <td height="30" colspan="2" bgcolor="#bbbbbb">
        <font color = white><center><b>[请输入登录信息]</b></center></font>
        </td>
    </tr>
    <tr>
        <td width="120" height="30" align="center">用户名: </td>
        <td width="230">
        <input name="name" type="text" size="20" maxlength="16">
        </td>
    </tr>
    <tr>
        <td height="30" align="center">密　码: </td>
        <td width="230">
        <input name="pwd" type="password" size="20" maxlength="16">
        </td>
    </tr>
    <tr>
        <td colspan="2">
        <center><input type="submit" name="submit" value="登录">
        <input type="reset" name="reset" value="重置"></center>
        </td>
    </tr>
</table>
</form>

<!--checklogin.jsp-->
<%@ page import="java.sql.*" %>
<%
try {
    boolean bSuccess = false;
    request.setCharacterEncoding("gb2312");
    String name = request.getParameter("name");
    String pwd = request.getParameter("pwd");
    if(name!=null && pwd!=null)
    {
        if(!pwd.equals("") && !name.equals(""))
        {
            String driverClass = "sun.jdbc.odbc.JdbcOdbcDriver";
            String path = request.getRealPath("");
            String url =
```

```
        "jdbc:odbc:driver={Microsoft Access Driver(*.mdb)};DBQ="
        + path + "/manager.mdb";
    String username = "";
    String password = "";

    Class.forName(driverClass);
    Connection conn =
        DriverManager.getConnection(url, username, password);
    Statement stmt = conn.createStatement(
        ResultSet.TYPE_SCROLL_SENSITIVE, ResultSet.CONCUR_UPDATABLE);
    ResultSet rs = stmt.executeQuery(
        "SELECT * FROM user where name= '"
        + name + "' and pwd='" + pwd + "'");

    bSuccess = rs.next();
    if(bSuccess)
        response.sendRedirect("manageuser.jsp");
    //省略数据库关闭代码
    }
}
if(!bSuccess)
{
    out.println("用户名或密码错误！请重新输入！5 秒钟后返回！");
    response.setHeader("Refresh", "5;url=login.jsp");
}
}
//省略异常处理代码
%>
```

运行过程如图 6-44、图 6-45 所示。

图 6-44　登录页面

图 6-45　登录失败页面

2．用户管理功能

登录成功后，即进入用户管理界面，程序名为 manageuser.jsp。用户管理功能包括修改用户信息、删除用户和新增用户的功能。程序的关键代码如下：

```
<%
try {
    String driverClass = "sun.jdbc.odbc.JdbcOdbcDriver";
    String path = request.getRealPath("");
```

```
String url = "jdbc:odbc:driver={Microsoft Access Driver(*.mdb)};DBQ="
             + path + "/manager.mdb";
String username = "";
String password = "";

Class.forName(driverClass);
Connection conn =
  DriverManager.getConnection(url, username, password);
Statement stmt = conn.createStatement(
  ResultSet.TYPE_SCROLL_SENSITIVE, ResultSet.CONCUR_UPDATABLE);
ResultSet rs=stmt.executeQuery("SELECT * FROM user");
if(rs != null)
{
    out.print("<table width='400' border='1' align='center'
              cellpadding='4' cellspacing='0'");
    out.print("<tr>");
    out.print("<td colspan='3' align='center' bgcolor='#bbbbbb'>
              <font color=white>用户管理</font></td>");
    out.print("</tr>");
    out.print("<tr>");
    out.print("<td align='center' bgcolor='#bbbbbb'>
              <font color=white>用户姓名</font></td>");
    out.print("<td colspan='2' align='center' bgcolor='#bbbbbb'>
              <font color=white>操作</font></td>");
    out.print("</tr>");
    while(rs.next())
    {
        out.print("<tr>");
        out.print(
          "<td align='middle'>" + rs.getObject("name") + "</td>");
        out.print("<td width='63' align='middle'>");
        out.print("<a href='modifyuser.jsp?oldname="
          + rs.getObject("name") + "'> 修改 </a></td>");
        out.print("<td width='73' align='middle'>");
        out.print("<a href='deleteuser.jsp?delname="
          + rs.getObject("name") + "'>删除</a></td>");
        out.print("</tr>");
    }
}
out.print("<tr bgcolor='#5ea5e6'>");
out.print("<td align='middle'></td>");
out.print("<td colspan='2' align='middle'><a href='adduser.jsp'>
          <font color='#FFFF00'>新增用户</font></a></td>");
out.print("</tr>");
out.print("</table>");
//省略数据库关闭代码
}

//省略异常处理代码
%>
```

从程序代码中看出，程序是在查询数据库所有用户的基础上增加了两列，分别对应修改和删除功能，增加了一行对应新增用户功能。选择相应的超链接，即可进入相应的功能。用户管理界面如图 6-46 所示。

图 6-46　用户管理界面

(1) 修改用户信息。

在用户管理界面选择用户名右侧的"修改"超链接后，即进入修改用户信息功能，程序转至 modifyuser.jsp。在此页面输入新的用户名和密码后，程序转至 modify.jsp 程序，来验证新信息的可行性。若新信息与数据库中信息不重复，则修改用户信息，然后返回用户管理界面；否则，程序返回 modifyuser.jsp，要求用户重新输入信息。

程序的关键代码如下：

```
<!--modifyuser.jsp-->
<%
request.setCharacterEncoding("gb2312");
String oldname = request.getParameter("oldname");
oldname = new String(oldname.getBytes("ISO-8859-1"));
%>
<form name="form1" method="post" action="modify.jsp">
<table width="400" border="1" align="center">
  <tr>
     <td height="30" colspan="2" bgcolor="#bbbbbb">
     <font color=white><center><b>[修改用户资料]</b></center></font>
     </td>
  </tr>
  <input type="hidden" name="oldname" value="<%=oldname %>">
  <tr>
     <td height="30" align="center">新用户名: </td>
     <td width="230">
     <input name="name" type="text" size="20" maxlength="16">
     <input name="oldname" type="hidden" value="<%=oldname %>">
     </td>
  </tr>
  <tr>
     <td height="30" align="center">新 密 码: </td>
     <td width="230">
```

```
        <input name="pwd" type="password" size="20" maxlength="16">
        </td>
    </tr>
    <tr>
        <td colspan="2">
        <center>
        <input type="submit" name="submit" value="提交">
        <input type="reset" name="reset" value="重置">
        </center>
        </td>
    </tr>
</table>
</form>

<!--modify.jsp-->
<%
try {
    request.setCharacterEncoding("gb2312");
    String oldname = request.getParameter("oldname");
    String name = request.getParameter("name");
    String pwd = request.getParameter("pwd");

    String driverClass = "sun.jdbc.odbc.JdbcOdbcDriver";
    String path = request.getRealPath("");
    String url = "jdbc:odbc:driver={Microsoft Access Driver(*.mdb)};DBQ="
                  + path + "/manager.mdb";
    String username = "";
    String password = "";

    Class.forName(driverClass);
    Connection conn =
      DriverManager.getConnection(url, username, password);
    Statement stmt = conn.createStatement(
      ResultSet.TYPE_SCROLL_SENSITIVE, ResultSet.CONCUR_UPDATABLE);

    if(oldname!=null && pwd!=null && name!=null)
    {
        if(pwd.equals("") || name.equals("")||oldname.equals(""))
        {
            stmt.close();
            conn.close();
            out.print("修改失败，新用户名和新密码都不能为空，5 秒钟后返回！");
            response.setHeader(
              "Refresh", "5;url=modifyuser.jsp?oldname=" + oldname);
        }
        else
        {
            ResultSet rs = stmt.executeQuery(
              "SELECT * FROM user where name= '" + name + "'");
            if(rs.next() && !oldname.equals(name))
```

```
                    {
                        out.print("数据库中已存在用户名"
                           + name + ",请换一个用户名,5秒钟后跳回至修改页面！");
                        response.setHeader("Refresh",
                           "5;url=modifyuser.jsp?oldname=" + oldname);
                        rs.close();
                    }
                    else
                    {
                        rs.close();
                        stmt.executeUpdate("UPDATE  user SET  name='"
                           + name + "', pwd='" + pwd
                           + "' where name='" + oldname + "'");
                        response.sendRedirect("manageuser.jsp");
                    }
                    //省略数据库关闭代码
                }
            }
        }
//省略异常处理代码
%>
```

运行过程如图 6-47、图 6-48 所示。

图 6-47　修改用户信息

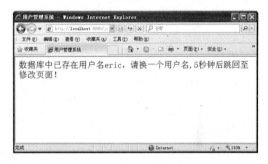

图 6-48　修改失败界面

（2）删除用户。

在用户管理界面选择用户名右侧的"删除"超链接后，即进入删除用户信息功能，程序转至 deleteuser.jsp。在数据库中删除此用户后，返回用户管理界面。程序的关键代码如下：

```
<%
try {
    String msg = null;
    String name = (String)request.getParameter("delname");
    name = new String(name.getBytes("ISO-8859-1"));

    if(name != null)
    {
        if(!name.equals(""))
        {
            String driverClass = "sun.jdbc.odbc.JdbcOdbcDriver";
```

```
            String path = request.getRealPath("");
            String url =
              "jdbc:odbc:driver={Microsoft Access Driver(*.mdb)};DBQ="
              + path + "/manager.mdb";
            String username = "";
            String password = "";
            Class.forName(driverClass);
            Connection conn =
              DriverManager.getConnection(url, username, password);
            Statement stmt = conn.createStatement(
              ResultSet.TYPE_SCROLL_SENSITIVE, ResultSet.CONCUR_UPDATABLE);
            stmt.executeUpdate(
              "DELETE FROM user where name='" + name + "'");
            //省略数据库关闭代码
        }
    }
    response.sendRedirect("manageuser.jsp");
}
//省略异常处理代码
%>
```

(3) 新增用户。

在用户管理界面选择"新增用户"超链接后，即可进入新增用户功能，程序将会转至 adduser.jsp。在此页面中输入用户名和密码后，程序转至 add.jsp 程序，来验证新信息的可行性。若新信息与数据库中的信息不重复，则增加新用户，然后返回用户管理界面；否则程序返回 adduser.jsp，要求用户重新输入信息。程序的关键代码如下：

```html
<!--adduser.jsp-->
<form name="form1" method="post" action="add.jsp">
<table width="400" border="1" align="center">
  <tr>
    <td height="30" colspan="2" bgcolor="#bbbbbb">
    <font color=white><center><b>[新增用户]</b></center></font>
    </td>
  </tr>
  <tr>
    <td width="120" height="30" align="center">用户名: </td>
    <td width="230">
    <input name="name" type="text" size="20" maxlength="16">
    </td>
  </tr>
  <tr>
    <td height="30" align="center">密 码: </td>
    <td width="230">
    <input name="pwd" type="password" size="20" maxlength="16">
    </td>
  </tr>
  <tr>
    <td colspan="2">
    <center>
```

```
        <input name="submit" type="submit" id="submit" value="提交">
        <input name="reset" type="reset" id="reset" value="重置">
        </center>
        </td>
    </tr>
</table>
</form>

<!--add.jsp-->
<%
try {
    boolean bSuccess = false;
    String err = null;
    request.setCharacterEncoding("gb2312");
    String name = request.getParameter("name");
    String pwd = request.getParameter("pwd");
    if(pwd!=null && name!=null)
    {
        if(!name.equals("") && !pwd.equals(""))
        {
            String driverClass = "sun.jdbc.odbc.JdbcOdbcDriver";
            String path = request.getRealPath("");
            String url =
                "jdbc:odbc:driver={Microsoft Access Driver(*.mdb)};DBQ="
                + path + "/manager.mdb";
            String username = "";
            String password = "";
            Class.forName(driverClass);
            Connection conn =
                DriverManager.getConnection(url, username, password);
            Statement stmt = conn.createStatement(
              ResultSet.TYPE_SCROLL_SENSITIVE, ResultSet.CONCUR_UPDATABLE);
            ResultSet rs = stmt.executeQuery(
              "SELECT * FROM user where name='" + name + "'");
            if(rs.next() || name.equals("admin"))
                err = "数据库中已存在用户名"
                + name + "，请换一个用户名重新输入，5 秒钟后跳回至新增用户页面！";
            else
            {
                rs.close();
                stmt.executeUpdate("INSERT INTO user(name,pwd)"
                  + "VALUES ('" + name + "','" + pwd + "')");
                bSuccess = true;
            }
            //省略数据库关闭代码
        }
        else
            err = "请输入用户名和密码，5 秒钟后跳回至新增用户页面！";
    }
    if(!bSuccess)
```

```
    {
        out.print(err);
        response.setHeader("Refresh", "5;url=adduser.jsp");
    }
    else
        response.sendRedirect("manageuser.jsp");
}
//省略异常处理代码
%>
```

运行过程如图 6-49、图 6-50 所示。

图 6-49　新增用户界面

图 6-50　增加用户失败界面

6.5　本 章 小 结

本章讲述了 JDBC 的类型，以及如何用 JDBC 建立数据库连接，并且通过具体实例，讲述了通过 JDBC 对数据库的主要操作，包括查询、更新、添加、删除等操作。除此之外，还讲解了如何通过 JDBC 对 Excel 文件进行访问。通过对本章内容的学习，可以掌握基本的 JSP 页面访问数据库的操作。

练习与提高(六)

1. 选择题

(1) JDBC 驱动程序可细分为 4 种类型，下列(　　)不是 JDBC 驱动程序。

　　A. JDBC-API driver　　　　　　B. JDBC-Middleware

　　C. Pure JDBC driver　　　　　　D. JDBC-Native API Bridge

(2) 在 JSP 中负责管理 JDBC 驱动程序的类是(　　)。

　　A. Connection 类　　　　　　　B. Statement 类

　　C. DriverManager 类　　　　　　D. ResultSet 类

(3) 下列选项中，(　　)类型的驱动程序是一种完全利用 Java 语言编写的 JDBC 驱动程序，它将 JDBC 调用直接转换为 DBMS 所使用的网络协议，是 Intranet 访问的很实用的解决方法。

　　A. JDBC-ODBC Bridge　　　　　B. JDBC-Native API Bridge

　　C. JDBC-Middleware　　　　　　D. Pure JDBC driver

(4) 负责实现与数据源连接的 JDBC 类是(　　)。

    A．Connection 类　　　　　　　B．Statement 类

    C．DriverManager 类　　　　　　D．ResultSet 类

(5) 用于发送简单的 SQL 语句，实现 SQL 语句执行的 JDBC 类是(　　)。

    A．Connection 类　　　　　　　B．Statement 类

    C．DriverManager 类　　　　　　D．ResultSet 类

2．填空题

(1) 在 JSP 程序中通过＿＿＿＿＿＿来与数据库服务器相连，并操作数据库中的数据。

(2) Statement 类的＿＿＿＿＿＿方法支持使用 Select 语句对数据库进行查询。

(3) JDBC 的主要任务是＿＿＿＿＿、＿＿＿＿＿、＿＿＿＿＿。

(4) JDBC 所有的类和接口都放在＿＿＿＿＿包中。

(5) ＿＿＿＿＿＿接口实现对数据的处理，维护记录指针。

(6) ResultSet 类的＿＿＿＿＿方法可以移动记录指针到下一条记录。

(7) JDBC 对数据库的操作是通过 5 个 JDBC 的类/接口来实现的，这些类/接口分别是＿＿＿＿＿、＿＿＿＿＿、＿＿＿＿＿、＿＿＿＿＿、＿＿＿＿＿。

(8) 加载 ODBC 驱动的语句为＿＿＿＿＿＿＿＿＿＿＿＿＿＿＿＿＿＿＿＿＿＿＿＿。

(9) 加载 SQL Server 2000 驱动的语句为＿＿＿＿＿＿＿＿＿＿＿＿＿＿＿＿＿＿＿＿＿＿。

3．简答题

(1) Statement 实例又可以分为哪 3 种类型？功能分别是什么？

(2) 简述 JDBC 访问数据库的主要步骤。

(3) 如何解决查询中的中文乱码问题？

4．实训题

(1) 图书书库管理程序。

① 新建一个项目，实现应用 Access 建立库存数据表，包含书名、书号、价格、数量四个字段，自定 5 条记录。

② 读取所有书目，如图 6-51 所示。

图 6-51　书库首页

③ 查找指定书目，如图 6-52 所示。

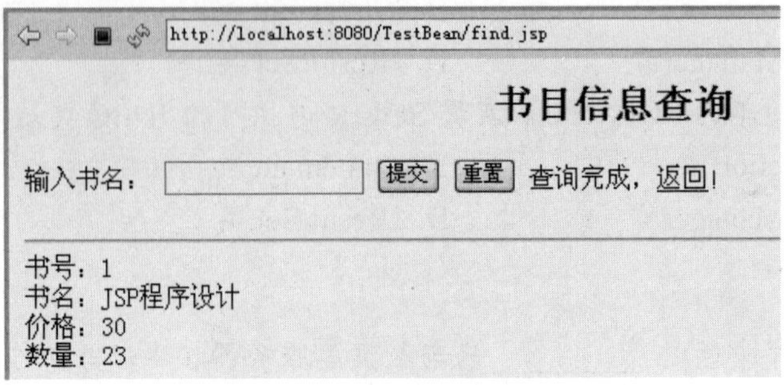

图 6-52　书目信息查询页面

④ 增加书目，如图 6-53 所示。

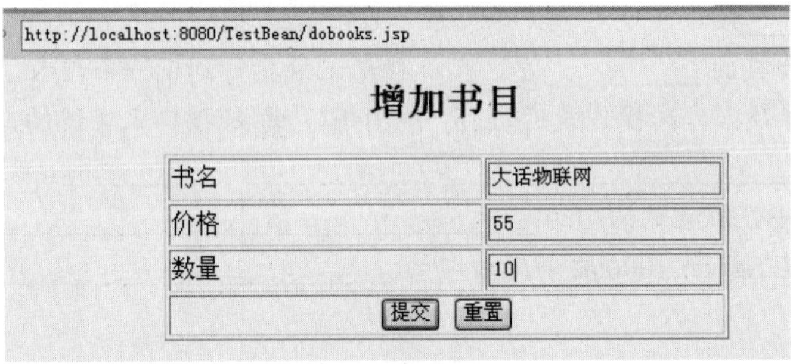

图 6-53　增加书目页面

⑤ 按数量由高到低排列显示所有的书目。

⑥ 修改指定书目，如图 6-54 所示。

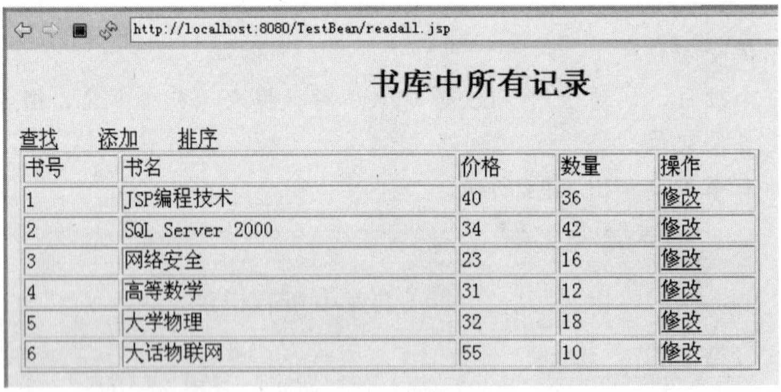

书库中所有记录

查找　　添加　　排序

书号	书名	价格	数量	操作
1	JSP编程技术	40	36	修改
2	SQL Server 2000	34	42	修改
3	网络安全	23	16	修改
4	高等数学	31	12	修改
5	大学物理	32	18	修改
6	大话物联网	55	10	修改

图 6-54　修改结果页面

(2) 公告信息展示程序。

① 显示所有公告，如图 6-55 所示。

② 添加公告，如图 6-56 所示。

③ 删除公告。如果删除新添加的第 3 条公告，则页面只剩下两条公告。

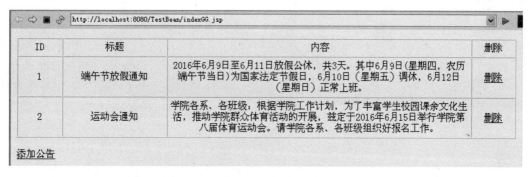

图 6-55　公告信息首页

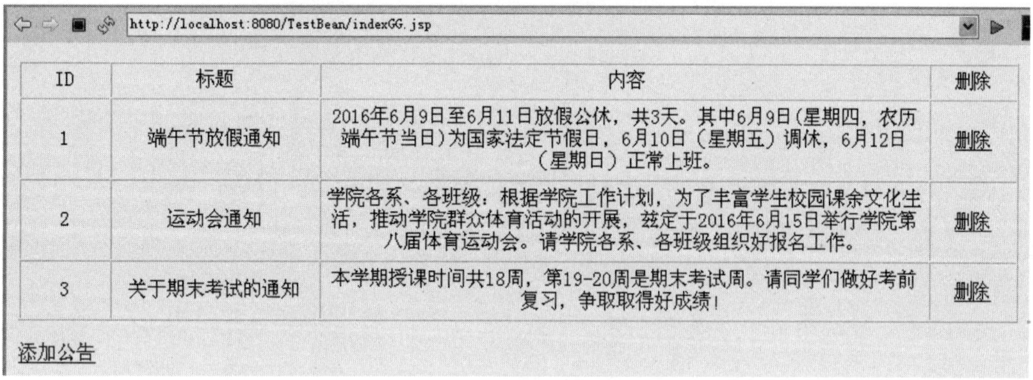

← ⇒ ■ ✂	http://localhost:8080/TestBean/indexGG.jsp	∨ ▷

ID	标题	内容	删除
1	端午节放假通知	2016年6月9日至6月11日放假公休，共3天。其中6月9日(星期四，农历端午节当日)为国家法定节假日，6月10日（星期五）调休，6月12日（星期日）正常上班。	删除
2	运动会通知	学院各系、各班级：根据学院工作计划，为了丰富学生校园课余文化生活，推动学院群众体育活动的开展，兹定于2016年6月15日举行学院第八届体育运动会。请学院各系、各班级组织好报名工作。	删除
3	关于期末考试的通知	本学期授课时间共18周，第19-20周是期末考试周。请同学们做好考前复习，争取取得好成绩!	删除

添加公告

图 6-56　添加公告结果页

第 7 章

Servlet 技术

本章要点

在 Java Web 开发过程中，Servlet 主要用于处理各种业务逻辑，而且比 JSP 更安全，扩展性和性能也十分优秀，在 Java Web 程序开发以及 MVC 模式应用方面都有极其重要的作用。本章主要讲解 Servlet 的基本结构及其主要作用，通过实例介绍 Servlet 的运用。

学习目标

1. 理解 Servlet 的基本原理及其生命周期。
2. 了解 Servlet 的常用类和方法。
3. 掌握 Servlet 如何实现页面跳转。
4. 理解并掌握 Servlet 过滤器及其工作原理。
5. 掌握 Servlet 监听器的使用。

7.1 Servlet 基础

7.1.1 Servlet 简介

Servlet 全称是 Java Servlet，是用 Java 编写的服务器端程序，它是以 Java 实现的 CGI 程序。与传统的 CGI 程序不同的是，Servlet 采用多线程的方式进行处理，所以程序性能更高。Servlet 的主要功能在于交互式地浏览和修改数据，生成动态 Web 内容。Servlet 主要运行在服务器端，由服务器调用并执行，是一种按照 Servlet 标准开发的类。

由 Servlet 的名称，可以看出 Sun 公司命名的特点。

如 Applet 表示小应用程序；Scriptlet=Script+Applet，表示小脚本程序；同样，Servlet =Service+Applet，表示小服务程序。

Servlet 的主要目的，是用来处理客户端传来的 HTTP 请求，并返回一个响应。它的基本流程如图 7-1 所示。

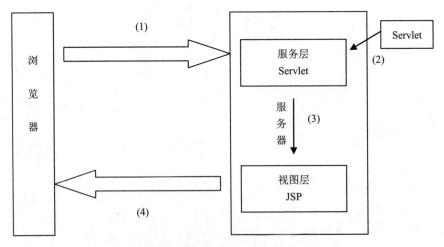

图 7-1　Servlet 处理的基本流程

在图 7-1 中，Servlet 的执行过程如下。

(1) 客户端发送请求至服务器端。

(2) 服务器将请求信息发送至 Servlet，如果这个 Servlet 尚未被加载，Web 服务器则将其加载到 Java 虚拟机中，并执行。

(3) Servlet 生成响应请求的内容，并将其执行结果传送给服务器。响应内容动态生成，通常取决于客户端的请求。

(4) 服务器将响应返回给客户端。

在整个 Servlet 程序中，最重要的是 Servlet 接口，在此接口下定义了 GenericServlet 子类，为保证程序的可扩展性，一般不会直接继承此类，而是根据使用的协议选择使用 GenericServlet 的子类。现在互联网上采用 HTTP 协议处理，所以一般而言，需要使用 HTTP 协议，因此操作时，用户自定义的 Servlet 类需要继承 HttpServlet 类。

7.1.2　Servlet 的生命周期

由于 Servlet 程序是运行在服务器端的 Java 程序，它的生命周期将受到 Web 容器的控制，生命周期包括加载、初始化、服务、销毁、卸载 5 个部分，如图 7-2 所示。

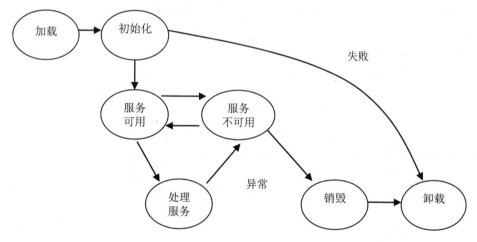

图 7-2　Servlet 的生命周期

1. 加载

加载一般是在运行 Web 容器中(Tomcat 等)来完成的。

当 Web 容器启动，或第一次使用某个 Servlet 时，Web 容器负责创建 Servlet 实例，但用户必须通过 web.xml 文件指定 Servlet 所在的包和类名称。成功加载后，Web 容器会通过反射机制，对 Servlet 进行实例化。

2. 初始化

当 Web 容器实例化 Servlet 对象后，它将调用 init()方法初始化这个实例对象，初始化让 Servlet 对象在处理客户端请求前完成一系列准备工作，如建立数据库连接、读取源文件信息等。

3．服务

当发现有请求提交时，Servlet 调用 service()方法进行处理，该方法将根据客户端的请求方式，决定调用 doGet()或 doPost()方法，在 service()方法中，Servlet 通过 ServletRequest 对象接收客户端请求，通过 ServletResponse 对象设置响应信息。

4．销毁

当 Servlet 在 Web 服务器中销毁时，Web 服务器将会调用 Servlet 的 destroy()方法，以便让该 Servlet 释放所占用的资源。

5．卸载

当一个 Servlet 完成 destroy()方法后，此 Servlet 实例将等待被垃圾回收器回收。

7.1.3 Servlet 类和方法

开发 Servlet 相关的程序包主要有两个，即 javax.servlet 和 javax.servlet.http。大多数 Servlet 是针对 HTTP 协议的 Web 容器，这样，开发 Servlet 的方法时，会使用 javax.servlet. http.Httpservlet 类。下面来介绍 Servlet 开发中经常使用的 API。

1．Servlet 接口

此接口位于 javax.servlet 包中，定义了 Servlet 的主要方法，声明如表 7-1 所示。

表 7-1 常用 Servlet 接口的方法声明

方法声明	说　明
Public void service(SevletRequest request, ServletResponse response)	Servlet 在处理客户端请求时调用此方法
Public void destroy()	Servlet 容器移除 Servlet 对象时调用此方法，以释放资源
Public ServletConfig getServletConfig()	用于获取 Servlet 对象的配置信息，返回 ServletConfig 对象
Public String getSevletInfo()	返回有关 Servlet 的信息，如作者、版本信息等

2．HttpServlet 类

HttpServlet 类是 Servlet 接口的实现类，主要封装了 HTTP 请求的方法，常用的方法声明如表 7-2 所示。

表 7-2 HttpServlet 类的常用方法

方法声明	说　明
Protected void doGet(HttpServletRequest req, HttpServletResponse resp)	用于处理 GET 类型的 HTTP 请求的方法

方法声明	说　明
Protected void doPost(HttpServletRequest req, HttpServletResponse resp)	用于处理 POST 类型 HTTP 请求的方法
Protected void doPut(HttpServletRequest req, HttpServletResponse resp)	用于处理 PUT 类型的 HTTP 请求的方法

3．HttpServletRequest 接口

HttpServletRequest 接口位于 javax.servlet.http 包中，它封装了 HTTP 的请求。通过此接口，可以获取客户端传递的 HTTP 请求参数，常用方法的声明及其说明如表 7-3 所示。

表 7-3　HttpServletRequest 接口的常用方法

方法声明	说　明
public String getContextPath()	返回上下文路径，此路径以 "/" 开始
public Cookie[] getCookies()	返回所有 Cookie 对象，返回值类型为 Cookie 数组
public String getMethod()	返回 HTTP 请求的类型，如 GET 和 POST 等
public String getQueryString()	返回请求的查询字符串
public String getRequestURI()	返回主机名到请求参数之间部分的字符串
public HttpSession getSession()	返回与客户端页面关联的 HttpSession 对象

4．HttpServletResponse 接口

HttpServletResponse 接口位于 javax.servlet.http 包中，它封装了对 HTTP 请求的响应。通过此接口，可以向客户端发送回应，其常用方法声明及说明如表 7-4 所示。

表 7-4　常用 HttpServletResponse 接口的方法

方法声明	说　明
public void addCookie(Cookie cookie)	向客户端发送 Cookie 信息
public void sendError(int sc)	发送一个错误状态码为 sc 的错误响应到客户端
public void sendError(int sc, String msg)	发送包含错误状态码及错误信息的响应到客户端
public void sendRedirect(String location)	将客户端请求重定向到新的 URL

HttpServletRequest 接口和 HttpServletResponse 接口中封装了 HTTP 请求与相应的相关方法，更多的方法读者可以参阅 JavaEE API 文档。

7.1.4　简单的 Servlet 程序

要开发一个可以处理 HTTP 请求的 Servlet 程序，需要继承 HttpServlet 类，继承 HttpServlet 类之后，就可以重写 HttpServlet 类中的方法了，然后编写具体的业务实现。

下面通过 Servlet 类对一个简单的 HelloWorld 程序进行实现。

【例 7-1】简单的 Servlet 程序 HelloWorld.java。

首先创建一个 Servlet 文件 HelloWorld.java，编写代码如下：

```
import javax.servlet.ServletException;
import javax.servlet.http.HttpServlet;
import javax.servlet.http.HttpServletRequest;
import javax.servlet.http.HttpServletResponse;
public class HelloWorld extends HttpServlet {
    /**第一个 Servlet */
    public void doGet(HttpServletRequest request,
      HttpServletResponse response)
      throws ServletException, IOException {
        PrintWriter out = response.getWriter(); //创建输出流对象，准备输出
        out.println("<HTML>");
        out.println(" <HEAD><TITLE>Hello World Servlet</TITLE></HEAD>");
        out.println(" <BODY>");
        out.print("<h1>Hello World Servlet</h1>");
        out.println(" </BODY>");
        out.println("</HTML>");
        out.close();
    }
}
```

以上代码从 HttpServletResponse 对象中获取一个输出流对象，然后通过输出流对象 out 输出每个 HTML 元素。

编译完成后，实际上我们无法直接访问，需要在\WEB-INF\web.xml 文件中进行配置，完成 Servlet 程序的映射，Servlet 才能执行，本例在 web.xml 文件中添加如下配置代码：

```
<servlet>
    <servlet-name>hello</servlet-name>
    <servlet-class>ch7.HelloWorld</servlet-class>
</servlet>
<servlet-mapping>
    <servlet-name>hello</servlet-name>
    <url-pattern>/servlet/HelloWorld</url-pattern>
</servlet-mapping>
```

上面的配置程序表示的是，通过/servlet/HelloWorld 路径可以找到对应的<servlet>节点，找到<servlet-class>所指定的 Servlet 程序，本例为 ch7.HelloWorld。

启动服务器后，在浏览器中输入"http://localhost:8080/ch7/servlet/HelloWorld"，程序运行结果如图 7-3 所示。

图 7-3 HelloWorld 程序的运行结果

7.2　Servlet 跳转

7.2.1　客户端跳转

在 Servlet 中要想进行客户端跳转，需要使用 HttpServletResponse 接口的 sendRedirect() 方法，但需要注意的是，这种跳转只能传递 session 以及 application 范围的属性，无法传递 request 范围的属性。

【例 7-2】使用客户端跳转 ClientRedirect.java。

首先创建一个 Servlet 文件 ClientRedirect.java，代码如下：

```java
package ch7;
import java.io.IOException;
import java.io.PrintWriter;
import javax.servlet.ServletException;
import javax.servlet.http.HttpServlet;
import javax.servlet.http.HttpServletRequest;
import javax.servlet.http.HttpServletResponse;
public class ClientRedirect extends HttpServlet {
    /**
     *客户端跳转
     */
    public void doGet(HttpServletRequest request,
      HttpServletResponse response)
      throws ServletException, IOException {
        request.getSession().setAttribute("name", "张三");
        request.setAttribute("info","JavaServlet");
        response.sendRedirect("../info.jsp");
    }
    public void doPost(HttpServletRequest request,
      HttpServletResponse response)
      throws ServletException, IOException {
        this.doGet(request, response); //调用了 doGet 的方法
    }
}
```

然后配置 Web.xml 文件如下：

```xml
<servlet>
    <servlet-name>client</servlet-name>
    <servlet-class>
        ch7.ClientRedirect
    </servlet-class>
</servlet>
<servlet-mapping>
    <servlet-name>client</servlet-name>
    <url-pattern>/servlet/ClientRedirect</url-pattern>
</servlet-mapping>
```

编写跳转后的文件,文件名为 info.jsp,代码如下:

```
<%@ page contentType="text/html" pageEncoding="GBK"%>
<html>
<head><title>Serlet 客户端跳转</title></head>
<body>
    <% request.setCharacterEncoding("GBK"); %>
    <h2>sesion 属性: <%=session.getAttribute("name")%></h2>
    <h2>request 属性: <%=request.getAttribute("info")%></h2>
</body>
</html>
```

启动服务器后,在浏览器的地址栏输入"http://localhost:8080/servlet/ClientRedirect",运行结果如图 7-4 所示。

图 7-4　客户端跳转程序的运行结果

由于是客户端跳转,跳转后,浏览器地址栏中变为 http://localhost:8080/ch7/info.jsp。从程序结果可以看到,request 属性的范围无法接收,只能接收 session 范围的属性。

7.2.2　服务器跳转

在 Servlet 中,没有类似 JSP 中的<jsp:forward>指令,要想实现服务器跳转,必须依靠 RequestDispather 接口来完成,此接口提供的方法如表 7-5 所示。

表 7-5　RequestDispather 接口的常用方法

方法声明	说　明
public void forward(ServletRequest request, ServletResponse response) throws ServletException, IOException	页面跳转
public void include(ServletRequest request, ServletResponse response) throws ServletException, IOException	页面包含

在使用此接口时,还需要使用 ServletRequest 接口提供的 getRequestDispatcher(String path)进行初始化,用以取得 RequestDispatcher 接口实例。

【例 7-3】使用服务器端跳转 ServerRedirect.java。

首先创建一个 Servlet 文件 ServerRedirect.java,代码如下:

```
package ch7;
import java.io.*;
import javax.servlet.*;
import javax.servlet.http.*;
```

```java
public class ServerRedirect extends HttpServlet {
    public void doGet(HttpServletRequest req, HttpServletResponse resp)
      throws ServletException, IOException {
        req.getSession().setAttribute("name", "张三");
        req.setAttribute("info", "JavaServlet");
        RequestDispatcher rd = req.getRequestDispatcher("../info.jsp");
         //准备服务器跳转操作
        rd.forward(req, resp);    //完成跳转
    }
    public void doPost(HttpServletRequest req, HttpServletResponse resp)
      throws ServletException, IOException {
        this.doGet(req, resp);
    }
}
```

在 Web.xml 文件中增加以下配置信息：

```xml
<servlet>
    <servlet-name>server</servlet-name>
    <servlet-class>ch7.ServerRedirect</servlet-class>
</servlet>
<servlet-mapping>
    <servlet-name>server</servlet-name>
    <url-pattern>/servlet/ServerRedirect</url-pattern>
</servlet-mapping>
```

Info.jsp 文件不变，与客户端跳转后的文件相同。

启动服务器后，在浏览器中输入"http://localhost:8080/servlet/ServerRedirect"，运行结果如图 7-5 所示。

图 7-5　服务器端跳转程序的运行结果

观察浏览器的地址栏，与客户端跳转不同的是，服务器端跳转时，地址栏没有发生变化。同时，request 属性范围的内容也是可接收到的。

7.3　Servlet 的使用

7.3.1　获取客户端信息

在实际开发中，Servlet 主要应用于 B/S 结构，用来充当一个请求控制处理的角色。当客户端浏览器发送一个请求时，由 Servlet 接受，并对其执行相应的业务逻辑处理，最后对客户端浏览器做出回应。

下面的例子是通过 Servlet 获取客户端信息，通过 doPost()方法对请求进行处理。

【例 7-4】使用 Servlet 获取客户端的信息。

首先编写 index.jsp 页面，该页面用来收集客户端的留言信息，具体代码如下：

```
<%@ page language="java" import="java.util.*" contentType="text/html;
 charset=utf-8" pageEncoding="utf-8"%>

<!DOCTYPE HTML PUBLIC "-//W3C//DTD HTML 4.01 Transitional//EN">
<html>
<head>
    <title>客户端处理</title>
</head>

<body>
    <h1 align="center">留言板</h1>

    <form id="form1" name="form1" method="post" action="MessageServlet">
    <table align="center">
        <tr>
            <td>留 言 人：</td>
            <td><input name="person" type="text" id="person"/></td>
        </tr>
        <tr>
            <td>留言内容：</td>
            <td>
            <textarea name="content" id="content" rows="6" cols="30">
            </textarea>
            </td>
        </tr>
        <tr>
            <td colspan="2">
            <input type="submit" name="Submint" value="提交" />  
            <input type="reset" name="Reset" value="重置" />
            </td>
        </tr>
    </table>
    </form>
</body>
</html>
```

接下来编写 MessageServlet.java，这是一个在 doPost()方法中获取表单数据的 Servlet。MessageServlet.java 的代码如下：

```
package ch7;
import java.io.IOException;
import java.io.PrintWriter;
import javax.servlet.ServletException;
import javax.servlet.http.HttpServlet;
import javax.servlet.http.HttpServletRequest;
import javax.servlet.http.HttpServletResponse;
```

```
public class MessageServlet extends HttpServlet {
    private static final long serialVersionUID = 1L;
    public void doPost(HttpServletRequest request,
     HttpServletResponse response)
     throws ServletException, IOException {

        request.setCharacterEncoding("UTF-8"); //设置请求编码
        String person = request.getParameter("person"); //获取留言人
        String content = request.getParameter("content"); //获取留言内容
        response.setContentType("text/html;charset=utf-8"); //设置内容类型
        PrintWriter out = response.getWriter();          //创建输出流对象
        out.println("<!DOCTYPE HTML PUBLIC \"
                    -//W3C//DTD HTML 4.01 Transitional//EN\">");
        out.println("<HTML>");
        out.println("<HEAD><TITLE>获取客户端留言信息</TITLE></HEAD>");
        out.println(" 留言人: " + person + "</br>");
        out.println("留言内容: " + content + "</br>");
        out.println("<a href='index.jsp'>返回</a>");
        out.println("</BODY>");
        out.println("</HTML>");
        out.flush();
        out.close();
    }
}
```

最后配置 web.xml 文件，关键代码如下：

```
<servlet>
    <servlet-name>MessageServlet</servlet-name>
    <servlet-class>ch7.MessageServlet</servlet-class>
</servlet>
<servlet-mapping>
    <servlet-name>MessageServlet</servlet-name>
    <url-pattern>/MessageServlet</url-pattern>
</servlet-mapping>
```

程序运行结果如图 7-6 所示。

图 7-6　Servlet 获取客户端信息程序的运行结果

7.3.2 过滤器

过滤器 Filter 是 Servlet 2.3 后增加的新功能，当需要限制用户访问某些资源或在处理请求前处理某些资源时，可以使用过滤器来完成。比如，经常通过过滤器专门负责编码转换，这样，就使得编码工作不需要反复编写了，只须在过滤器中完成即可。过滤器对象 Filter 接口放置在 javax.servlet 包中。在实际开发中，定义过滤器对象只需要直接或间接地实现 Filter 接口。Filter 接口中定义了 3 个方法，即 init()、doFilter()与 destroy()，其方法声明及说明如表 7-6 所示。

表 7-6　Filter 接口的方法声明及说明

方法声明	说　　明
public void init(FilterConfig filterConfig) throws ServletException	过滤器初始化方法，此方法在初始化过滤器时调用
public void doFilter(ServletRequest request, ServletResponse response, FilterChain chain) throws IOException, ServletException	对请求进行过滤处理
public void destroy()	销毁方法以释放资源

相关的对象还有 FilterConfig 与 FilterChain 对象。主要用于获取过滤器中的配置信息，其方法声明及说明如表 7-7 所示。

表 7-7　FilterConfig 接口的方法声明及说明

方法声明	说　　明
public String getFilterName()	用于获取过滤器名
public ServletContext getServletContext()	获取 Servlet 上下文
public String getInitParameter(String name)	获取过滤器的初始化参数值
public Enumeration getInitParameterNames()	获取过滤器的所有初始化参数

FilterChain 接口的方法用于将过滤后的请求传递给下一个过滤器，如果此过滤器是过滤器链中的最后一个过滤器，那么请求将传送给目标资源，其方法声明如下：

```
public void doFilter(ServletRequest request, ServletResponse response)
    throws IOException, ServletException
```

创建一个过滤器对象时需要实现 javax.servlet.Filter 接口及其 3 个方法(初始化方法、过滤方法、销毁方法)。具体如下：

```
//实现接口
public class MyFilter implements Filter {
    //初始化方法
    public void init(FilterConfig fConfig) throws ServletException {
        //初始化处理
    }
    //过滤处理方法
```

```
public void doFilter(ServletRequest request,
  ServletResponse response, FilterChain chain)
  throws IOException, ServletException {
    //过滤处理
    chain.doFilter(request, response);      //将请求向下传递
  }
public void destroy() {  //销毁方法
    //释放资源
  }
}
```

过滤器中的 init()方法用于初始化过滤器；destroy()方法是过滤器的销毁方法，主要用于释放资源；过滤处理的业务逻辑需要编写在 doFilter()方法中，在请求过滤处理后，需要调用 chain 参数的 doFilter()方法将请求向下传递给下一个过滤器或目标资源。

【例 7-5】编写一个编码过滤器 EcondingFilter.java。

首先创建一个表单文件 queryForm.jsp，用于输入学生姓名。代码如下：

```
<%@ page language="java" pageEncoding="gb2312"%>
<html>
    <body>
        <h1>输入学生信息</h1>
        <hr/>
        <form action="queryResult.jsp" method="post">
            请您输入学生姓名：<input type="text" name="stuname">
            <input type="submit" value="提交">
        </form>
    </body>
</html>
```

然后在 queryResult.jsp 页面显示输入的学生姓名，queryResult.jsp 的代码如下：

```
<%@ page language="java" pageEncoding="gb2312"%>
<html>
    <body>
        您输入的学生姓名为:<%=request.getParameter("stuname")%>
    </body>
</html>
```

运行 queryForm.jsp 并提交，未添加过滤器时，显示的效果如图 7-7 所示。

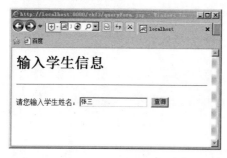

图 7-7　未使用编码过滤器前的程序运行结果

下面编写一个过滤器 EcondingFilter.java 对编码进行处理：

```
package ch73;
import java.io.IOException;
import javax.servlet.Filter;
import javax.servlet.FilterChain;
import javax.servlet.FilterConfig;
import javax.servlet.ServletException;
import javax.servlet.ServletRequest;
import javax.servlet.ServletResponse;
public class EncodingFilter implements Filter {
    public void init(FilterConfig config) throws ServletException {}
    public void destroy() {}
    public void doFilter(ServletRequest request,
      ServletResponse response, FilterChain chain)
      throws IOException, ServletException {
        request.setCharacterEncoding("gb2312"); //编码设置为简体中文
        chain.doFilter(request, response); //请求向下处理
    }
}
```

过滤器还需要在 Web.xml 中进行配置才能使用，配置代码如下：

```
<filter>
    <filter-name>EncodingFilter</filter-name>
    <filter-class>ch73.EncodingFilter</filter-class>
</filter>
<filter-mapping>
    <filter-name>EncodingFilter</filter-name>
    <url-pattern>/*</url-pattern>
</filter-mapping>
```

其中，<filter>用于定义过滤器，<filter-name>用来定义过滤器的名字，<filter-class>用来定义过滤器的类路径，<filter-mapping>用来配置过滤器的映射，<url-pattern>用于指定过滤模式。一般常见的过滤模式有 3 种。

(1) 过滤所有文件：

```
<filter-mapping>
    <filter-name>FilterName</filter-name>
    <url-pattern>/*</url-pattern>
</filter-mapping>
```

(2) 过滤一个或多个 Servlet(JSP)：

```
<filter-mapping>
    <filter-name>FilterName</filter-name>
    <url-pattern>/path/ServletName1(JSPName1)</url-pattern>
</filter-mapping>
<filter-mapping>
    <filter-name>FilterName</filter-name>
    <url-pattern>/path/ServletName2(JSPName2)</url-pattern>
</filter-mapping>
```

(3)　过滤一个或多个文件目录：

```
<filter-mapping>
    <filter-name>FilterName</filter-name>
    <url-pattern>/path/*</url-pattern>
</filter-mapping>
```

配置完成后即可运行 queryForm.jsp 并提交，添加过滤器后显示的效果如图 7-8 所示。

图 7-8　使用编码过滤器后的程序运行结果

乱码问题通过过滤器就解决了。

该例子的代码还可以进行改进，gb2312 的编码可以不用硬编码在源文件内，可以通过参数获得，在 web.xml 文件中可以给其设置响应的参数，代码如下：

```
<init-param>
    <param-name>encoding</param-name>
    <param-value>gb2312</param-value>
</init-param>
<filter>
    <filter-name>EncodingFilter</filter-name>
    <filter-class>ch73.EncodingFilter</filter-class>
</filter>
<filter-mapping>
    <filter-name>EncodingFilter</filter-name>
    <url-pattern>/*</url-pattern>
</filter-mapping>
```

在过滤器中读取配置文件，设置过滤：

```
package ch73;
import java.io.IOException;
import javax.servlet.Filter;
import javax.servlet.FilterChain;
import javax.servlet.FilterConfig;
import javax.servlet.ServletException;
import javax.servlet.ServletRequest;
import javax.servlet.ServletResponse;
public class EncodingFilter implements Filter {
    private String encodingName;
    public void init(FilterConfig config) throws ServletException {
        encodingName = config.getInitParameter("encoding");
```

```
    }
    public void destroy() {}
    public void doFilter(ServletRequest request,
      ServletResponse response, FilterChain chain)
      throws IOException, ServletException {
        request.setCharacterEncoding(encodingName); //编码设为 encodingName
        chain.doFilter(request, response); //请求向下处理
    }
}
```

过滤器除了进行编码处理外，还经常用于 Session 检查和 Cookie 检查以及权限检查。

7.3.3 监听器

在程序开发过程中，通常会对 session 或者 application 中的数据在创建、销毁或者内部内容改变时做一些额外的工作。比如用户登录、退出时需要将其登录、退出时间记录在日志中，如果按传统的方法，应在 Servlet 源码中登录成功后写一段"访问日志"代码，在退出成功后写一段"访问日志"代码。这样一来，我们就将额外的"访问日志"工作和业务逻辑混在了一起，万一以后决定取消记录"访问日志"的工作，还需要修改 Servlet 源码，这为程序设计与维护增添了许多弊端。使用监听器，可以对 Web 容器事件进行监听，以解决这些问题。

Servlet 监听器是实现一个特定接口的 Java 程序，专门用于监听 Web ServletContext、HttpSession 和 ServletRequest 等范围对象的创建与销毁过程，监听这些对象属性的修改和感知绑定到 HttpSession 范围中某个对象的状态，当相关的事件触发后，对事件做处理。

通过使用 Servlet 监听器，可极大地增强 Web 事件处理能力，根据监听事件的不同，可将其分为三类事件的监听器。

(1) 用于监听域对象创建和销毁的事件监听器，通常会使用 ServletContextListener、HttpSessionListener 和 ServletRequestListener 接口。

(2) 用于监听对象属性增加和删除事件的监听器，通常用 HttpSessionAttributeListener、ServletRequestAttributeListener、ServletContextAttributeListener 接口。

(3) 用于绑定到 HttpSession 域中某个对象状态的事件监听器，通常使用 HttpSessionBindingListener、HttpSessionActivationListener 接口。

在 Servlet 规范中，这三类监听器都定义了相应的接口，在编写事件监听程序时，只需要对相应的接口编程即可。Web 服务器会根据监听器所实现的接口，把它们注册到被监听的对象上，当触发了某个对象的监听事件时，Web 容器将会调用 Servlet 监听器相应的方法对该事件进行处理。

实现一个监听器需要有两个步骤，一是实现接口，二是重写与之对应的方法。各种监听器都有自己的方法。大体可分为 Servlet 上下文监听、HTTP 会话监听和 Servlet 请求监听三种。

1. Servlet 上下文监听

Servlet 上下文监听可以监听 ServletContext 对象的创建、删除和添加属性，以及删除

和修改操作，该监听器需要用到如下两个接口。

(1) ServletContextListener 接口。

该接口存放在 javax.servlet 包中，主要监听 ServletContext 的创建和删除。它提供了如表 7-8 所示两个方法，也称为"Web 应用程序的生命周期方法"。

表 7-8　ServletContextListener 接口的方法及说明

方法声明	说　明
contextInitialized(ServletContextEvent event)	通知正在收听的对象应用程序已经被加载及初始化
contextDestroyed(ServletContextEvent event)	通知正在收听的对象应用程序已经被载出，即关闭

(2) ServletAttributeListener 接口。

该接口存放在 javax.servlet 包内，主要监听 ServletContext 属性的增加、删除及修改，它提供了如表 7-9 所示 3 个方法。

表 7-9　ServletAttributeListener 接口的方法及说明

方法声明	说　明
attributeAdded(ServletContextAttributeEvent event)	若有对象加入 application 的范围，通知正在收听的对象
attributeReplaced(ServletContextAttributeEvent event)	若在 application 的范围内一个对象取代另一个对象，通知正在收听的对象
attributeRemoved(ServletContextAttributeEvent event)	若有对象从 application 的范围移除，通知正在收听的对象

2．HTTP 会话监听

有 4 个接口可以监听 HTTP 会话(HttpSession)信息。

(1) HttpSessionListener 接口为监听 HTTP 会话的创建及销毁提供了如表 7-10 所示的两个方法。

表 7-10　HttpSessionListenerr 接口的方法及说明

方法声明	说　明
sessionCreated(HttpSessionEvent event)	通知正在收听的对象，session 已经被加载及初始化
sessionDestroyed(HttpSessionEvent event)	通知正在收听的对象，session 已经被载出(HttpSessionEvent 类的主要方法是 getSession()，可以使用该方法回传一个 session 对象)

(2) HttpSessionActivationListener 接口用于监听 HTTP 会话的 active 和 passivate 情况，它提供了如表 7-11 所示的 3 个方法。

(3) HttpBindingListener 接口用于监听 HTTP 会话中对象的绑定信息。它是唯一不需要在 web.xml 中设置 Listener 的，并提供了如表 7-12 所示的两个方法。

表 7-11　HttpSessionActivationListener 接口的方法及说明

方法声明	说　明
attributeAdded(HttpSessionBindingEvent event)	若有对象加入 session 的范围，通知正在收听的对象
attributeReplaced(HttpSessionBindingEvent event)	若在 session 的范围中一个对象取代了另一个对象，通知正在收听的对象
attributeRemoved(HttpSessionBindingEvent event)	若有对象从 session 的范围移除，通知正在收听的对象(HttpSessionBindingEvent 类主要有 3 个方法，即 getName()、getSession()和 getValues())

表 7-12　HttpBindingListener 接口的方法及说明

方法声明	说　明
valueBound(HttpSessionBindingEvent event)	当有对象加入 session 的范围时，会被自动调用
valueUnBound(HttpSessionBindingEvent event)	当有对象从 session 的范围内移除时，会被自动调用

(4) HttpSessionAttributeListener 接口用于监听 HTTP 会话中属性的设置请求，它提供了如表 7-13 所示的两个方法。

表 7-13　HttpSessionAttributeListenerr 接口的方法及说明

方法声明	说　明
sessinDidActivate(HttpSessionEvent event)	通知正在收听的对象，其 session 已经变为有效状态
sessinWillPassivate(HttpSessionEvent event)	通知正在收听的对象，其 session 已经变为无效状态

3. 监听 Servlet 请求

监听客户端的请求，一旦能够在监听程序中获取客户端的请求，即可统一处理请求。要实现客户端的请求和请求参数设置的监听，需要实现如下两个接口。

(1) ServletRequestListener 接口。

该接口提供了如表 7-14 所示的两个方法。

表 7-14　ServletRequestListener 接口的方法及说明

方法声明	说　明
requestInitalized(ServletRequestEvent event)	通知正在收听的对象，ServletRequest 已经被加载及初始化
requestDestroyed(ServletRequestEvent event)	通知正在收听的对象，ServletRequest 已经被载出，即关闭

(2) ServletRequestAttributeListener 接口。

该接口提供了如表 7-15 所示的 3 个方法。

表 7-15　ServletRequestAttributeListener 接口的方法及说明

方法声明	说　明
attributeAdded(ServletRequestAttributeEvent event)	若有对象加入 request 的范围，通知正在收听的对象
attributeReplaced(ServletRequestAttributeEvent event)	若在 request 的范围内一个对象取代另一个对象，通知正在收听的对象
attributeRemoved(ServletRequestAttributeEvent event)	若有对象从 request 的范围移除，通知正在收听的对象

下面通过例子实现一个简单的日志监听，如果客户登录成功，能自动将其登录信息记录到日志中，该日志用控制台模拟显示。

【例 7-6】记录登录日志。

首先编写一个客户登录成功页面，实际上是实现向 session 中保存信息，这里做简单的模拟，loginSuccess.jsp 的代码如下：

```
<%@ page language="java" pageEncoding="gb2312"%>
<html>
    <body>
        <%
        //模拟登录成功
        session.setAttribute("account", "guokehua");
        %>
        欢迎<%=session.getAttribute("account")%>登录成功!
    </body>
</html>
```

运行该页面，显示效果如图 7-9 所示。

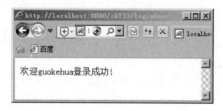

图 7-9　监听器用户登录成功页面

然后根据前面的叙述需求，编写一个监听器来实现对 session 的监听，此处应该选择 HttpSessionActivationListener 监听器，此监听器可以监听 HttpSession 中属性发生的变化，LoginListener.java 代码如下：

```
package listener;

import javax.servlet.http.HttpSessionAttributeListener;
import javax.servlet.http.HttpSessionBindingEvent;

public class LoginListener implements HttpSessionAttributeListener {
```

```
public void attributeAdded(HttpSessionBindingEvent event) {
    if(event.getName().equals("account")) {
        System.out.println("日志信息:" + event.getValue() + "登录!");
    }
}
public void attributeRemoved(HttpSessionBindingEvent event) {}
public void attributeReplaced(HttpSessionBindingEvent event) {}
}
```

监听器的使用需要在 web.xml 文件中配置监听器的路径。本例在 web.xml 中加入代码如下:

```
...
<listener>
    <listener-class>listener.LoginListener</listener-class>
</listener>
...
```

运行结果如图 7-10 所示。从上面的代码可以看出，在 session 中放入的信息保存在 event 参数内。

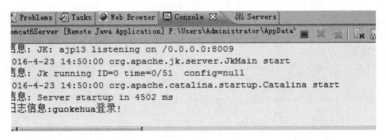

图 7-10　监听器用户登录成功后日志记录在控制台中的显示

7.4　实训七：Servlet 应用

在实际开发中，Servlet 主要应用于 B/S 结构，用来充当一个请求控制处理的角色。当客户端浏览器发送一个请求时，由 Servlet 接受，并对其执行相应的业务逻辑处理，最后对客户端浏览器做出回应。

本实训实现通过 Servlet 处理表单数据，实现添加用户地址信息的功能，并将信息放到 ServletContext 中，然后通过 JSP 页面对其内容进行查看。

(1) 创建封装用户信息的 JavaBean，代码如下:

```
package ch74;
public class UserBean {
    private String name; //姓名
    private String sex; //性别
    private String address; //家庭住址
```

```
    public String getName() {
        return name;
    }
    public void setName(String name) {
        this.name = name;
    }
    public String getSex() {
        return sex;
    }
    public void setSex(String sex) {
        this.sex = sex;
    }
    public String getAddress() {
        return address;
    }
    public void setAddress(String address) {
        this.address = address;
    }
}
```

(2) 编写添加用户信息的 index2.jsp，该页面包含收集 User 信息的表单，表单中除了收集信息外，还通过 JavaScript 脚本对用户名和密码是否为空进行了校验，代码如下：

```
%@ page language="java" contentType="text/html; charset=UTF-8"
  pageEncoding="UTF-8"%>
<!DOCTYPE html>
<html>
<head>
<meta charset="UTF-8">
<title>添加用户家庭地址信息</title>
<style type="text/css">
ul { list-style: none; }
li {
    padding: 5px;
    font-size: 14px;
}
</style>
<script type="text/javascript">
function check(form) {
    with(form) {
        if(name.value == "") {
            alert("姓名不能为空！");
            return false;
        }
        if(address.value == "") {
            alert("家庭住址不能为空！");
            return false;
        }
    }
}
</script>
```

```
</head>
<body>
    <form action="Address" method="post" onsubmit="return check(this);">
        <h1 align="center">添加用户信息</h1>
        <hr>
        <ul>
            <li>姓 名：<input type="text" name="name"></li>
            <li>性 别：
            <input type="radio" name="sex" value="男" checked="checked">男
            <input type="radio" name="sex" value="女">女
            </li>
            <li>家庭住址：
            <textarea rows="5" cols="30" name="address"></textarea>
            </li>
            <li><input type="submit" value="添  加"></li>
        </ul>
    </form>
</body>
</html>
```

(3) 编写处理提交信息的 Servlet 文件。表单数据提交给 AddressServlet 进行处理，AddressServlet 的代码如下：

```
package ch74;
import java.io.IOException;
import java.util.ArrayList;
import java.util.List;
import javax.servlet.RequestDispatcher;
import javax.servlet.ServletContext;
import javax.servlet.ServletException;
import javax.servlet.http.HttpServlet;
import javax.servlet.http.HttpServletRequest;
import javax.servlet.http.HttpServletResponse;
/**
 实现类 AddressServlet
 */
public class AddressServlet extends HttpServlet {
    protected void doPost(HttpServletRequest request,
    HttpServletResponse response)
    throws ServletException, IOException {
        //设置 request 的编码格式
        request.setCharacterEncoding("UTF-8");
        //获取用户姓名、性别、家庭住址
        String name = request.getParameter("name");
        String sex = request.getParameter("sex");
        String address = request.getParameter("address");
        //实例化 User
        UserBean user = new UserBean();
        //为姓名、性别、家庭住址赋值
        user.setName(name);
        user.setSex(sex);
```

```
            user.setAddress(address);
            //获取 ServletContext 对象
            ServletContext application = getServletContext();
            //从 ServletContext 中获取 users
            List<UserBean> list =
              (List<UserBean>)application.getAttribute("users");
            //判断 list 是否为 null，如果为空，则创建 list 对象
            if(list == null) {
                //实例化 list
                list = new ArrayList<UserBean>();
            }
            //将 user 添加到 List 集合中
            list.add(user);
            //将 List 放置于 application 范围中
            application.setAttribute("users", list);
            //创建 RequestDispatcher 对象
            RequestDispatcher dispatcher =
              request.getRequestDispatcher("display.jsp");
            //请求转发到 manager.jsp 页面，服务器跳转
            dispatcher.forward(request, response);
        }
}
```

AddressServlet 在 Web.xml 中的配置信息如下：

```
<servlet>
    <servlet-name>address</servlet-name>
    <servlet-class>ch74.AddressServlet</servlet-class>
</servlet>
<servlet-mapping>
    <servlet-name>address</servlet-name>
    <url-pattern>/Address</url-pattern>
</servlet-mapping>
```

（4） display 页面用于显示用户信息列表，并可以返回继续添加用户信息。代码如下：

```
<%@ page language="java" contentType="text/html; charset=UTF-8"
  pageEncoding="UTF-8"%>
<%@page import="java.util.List"%>
<%@page import="ch74.UserBean"%>
<!DOCTYPE html>
<html>
<head>
<meta charset="UTF-8">
<title>用户信息列表</title>
<style type="text/css">
td {
    font-size: 14px;
    padding: 5px;
}
</style>
</head>
```

```
<body>
<h1 align="center">用户信息列表</h1>
<hr>
   <table align="center" border="1" width="400">
       <tr align="center" style="font-weight: bold;">
           <td>姓名</td>
           <td>性别</td>
           <td>家庭住址</td>
       </tr>
       <%
       List<UserBean> list =
         (List<UserBean>)application.getAttribute("users");
       if(list != null) {
           for(UserBean user : list) {
       %>
           <tr align="center">
               <td><%=user.getName()%></td>
               <td><%=user.getSex()%></td>
               <td><%=user.getAddress()%></td>
           </tr>
       <%
           }
       }
       %>
       <tr>
           <td align="center" colspan="3">
               <a href="index2.jsp">继续添加其他用户</a>
           </td>
       </tr>
   </table>
</body>
</html>
```

程序显示的结果如图 7-11 所示。

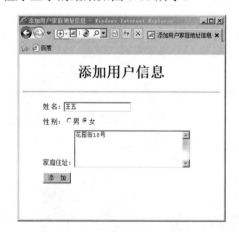
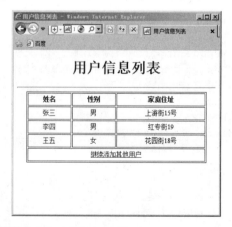

图 7-11   通过 Servlet 处理表单数据程序的显示结果

7.5　本章小结

本章主要介绍了 Servlet 原理及其实际应用。Servlet 是 Java EE API 中的核心，更是 Web 开发中不可或缺的组成部分。学习本章内容时，读者必须掌握 Servlet、过滤器、监听器的基本原理和应用方法。

练习与提高(七)

1. 选择题

(1) 当 Servlet 容器销毁一个 Servlet 时，会销毁(　　)对象。(多选)

  A. Servlet 对象

  B. 与 Servlet 对象关联的 ServletConfig 对象

  C. ServletContext 对象

  D. ServletRequest 对象和 ServletResponse 对象

(2) Servlet 容器在启动 Web 应用时，创建(　　)对象。(多选)

  A. ServletRequest 对象　　　　B. ServletContext 对象

  C. Filter 对象　　　　　　　　D. 所有的 Servlet 对象

(3) HttpServlet 的子类要从 HTTP 请求中获得请求参数，应该调用(　　)方法。

  A. 调用 HttpServletRequest 对象的 getAttribute()方法

  B. 调用 ServletContext 对象的 getAttribute()方法

  C. 调用 HttpServletRequest 对象的 getParameters()方法

  D. 调用 HttpServletRequest 对象的 getHeader()方法

(4) (　　)方法不是 Filter 接口中定义的。

  A. init()　　　　　　　　B. doFilter()

  C. help()　　　　　　　　D. destroy()

2. 填空题

(1) Servlet 是运行在服务器端的 Java 程序，其生命周期将受到 Web 容器的控制，生命周期包括加载、_____、_____、销毁、卸载 5 个部分。

(2) 开发 Servlet 相关的程序包主要有两个，即_____和_____。

(3) 要开发一个可以处理 HTTP 请求的 Servlet 程序，需要继承_____类。

(4) 在 Servlet 中，要想进行客户端跳转，需要使用_____接口的_____方法，但需要注意的是，这种跳转只能传递 session 以及 application 范围的属性，无法传递 request 范围的属性。

(5) 在 Servlet 中，没有类似 JSP 中的<jsp:forward>指令，要想实现服务器跳转，必须依靠_____接口来完成。

3. 简答题

(1) Servlet 的执行过程是什么？

(2) Servlet 程序的生命周期包括哪几部分？

(3) 通过使用 Servlet 监听器，可极大地增强 Web 事件处理能力，根据监听事件的不同，可将其分为哪几类事件的监听器？

4. 实训题

(1) 在浏览网站时，有些网站会有计数器功能，浏览者每访问一次网站，计数器就会累加一次，请尝试编写一个记录用户访问次数的网站。

(2) 在开发论坛等网站时，需要对输入内容进行控制，防止输入非法内容，请编写一个敏感词过滤器，对非法字符和关键字进行过滤处理。

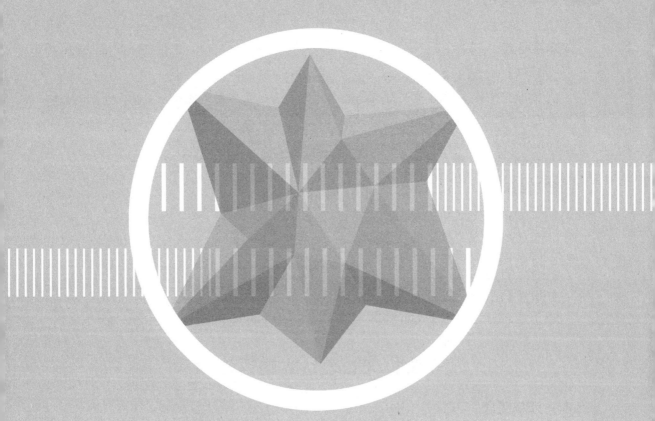

第 8 章

表达式语言

本章要点

表达式语言的英文是 Expression Language(EL)。

EL 提供了一种让 Web 页面与 JavaBean 管理进行通信的重要技术，在 JSP 和 JSF 技术中被普遍应用。通过 EL，可以简化 JSP 开发中对象的应用，从而规范页面代码，增加程序的可读性和可维护性。

本章将对表达式语言的语法、运算符以及内置对象进行详细的介绍。

学习目标

1. 了解 EL 表达式的基本语法。
2. 理解 EL 表达式数据访问的实质。
3. 掌握 EL 表达式对象的作用域。
4. 掌握 EL 表达式如何访问 JavaBean。
5. 掌握 EL 表达式如何访问集合。
6. 了解 EL 表达式的 Param 对象、Cookie 对象和 initParam 对象。

8.1　EL 表达式的语法

8.1.1　EL 简介

EL 表达式语言的灵感来自于标准化脚本语言 ECMAScript 和 XPath，目的是为了使 JSP 写起来更加简单。在 EL 表达式出现之前，开发 Java Web 应用时常需要将大量的 Java 代码嵌入到 JSP 页面中，这使得页面的可读性变得很差，使用 EL，可以使页面变得简洁。例如，对应于以下 Java 代码片段：

```
<%
if(session.getAttribute("uname") !== null) {
    Out.println(session.getAtribute("uname").toString());
}
%>
```

如果使用 EL 表达式，则只需要下面一行代码：

```
${uname}
```

EL 表达式在 Web 开发中比较常用，除了具有语法简单和使用方便的性质外，还具有以下几方面的特点。

(1) 可以与 JSTL 以及 JavaScript 结合使用。

(2) 可自动执行数值转换，例如，如果想输出两个字符串数值型 number1 和 number2 的和，可以通过 "+" 连接，即${number1+number2}。

(3) 可以访问 JavaBean 中的属性、嵌套属性和集合属性。

(4) 可实现算术、逻辑、关系、条件等多种运算。

(5) 可以获得命名和空间(pageContext 对象，它是页面中所有其他内置对象的最大范围的继承对象，通过它，可以访问内置对象)。

(6) 执行除法时，如果除数是 0，则返回无穷大(Infinity)，不返回错误。

(7) 可访问 4 种 JSP 的作用域(request、session、application、page)。

(8) 扩展函数可以与 Java 类的静态方法执行映射。

如果 Web 容器不支持 EL，可以禁用 EL，方法有三种。

第一种，使用斜杠符号"\"，该方法只须在 EL 表达式前加上"\"，例如：

```
\${uname}
```

第二种，使用 page 指令，该方法将 page 指令中的 isELIgnored 设置为 true，例如：

```
<%@ page isELIgnored="true"%>
```

第三种，在 web.xml 文件中配置<el-ignored>元素，例如，下面的配置禁用 Web 中的所有 JSP 页面使用 EL：

```
<jsp-property-group>
    <url-pattern>*.jsp</url-pattern>
    <el-ignored>false</el-ignored>
</jsp-propery-group>
```

8.1.2　运算符

EL 表达式为了方便用户显式操作，定义了许多运算符，包括算术运算符、关系运算符、逻辑运算符等，使用这些运算符，将使得 JSP 页面更加简洁，因此，复杂的操作可以使用 Servlet 或 JavaBean 完成，而简单的内容则可以使用 EL 提供的运算符。

1．EL 语法

EL 表达式的基本语法很简单，它以"${"开头，以"}"结束，中间为合法的表达式，语法格式如下：

```
${EL 表达式}
```

其中，EL 表达式可以是字符串，或是 EL 运算符组成的表达式，例如：

```
${sessionScope.user.name}
```

上述 EL 范例的意思是从 session 取得用户的 name。使用 EL 前 JSP 代码的写法如下：

```
<%
User user = (User)session.getAttribute("user");
String name = user.getName();
%>
```

两者相比较之下，可以发现，EL 的语法比传统 JSP 代码更为方便、简洁。

2．"."和[]运算符

EL 提供.(点操作)和[]两种运算符来实现数据存取运算。.(点操作)和[]是等价的，可以相互替换。

例如，如下两者所代表的意思是一样的：

```
${sessionScope.user.sex} 等价于 ${sessionScope.user["sex"]}
```

但是，需要保证要取得对象的那个属性有相应的 setXxx()和 getXxx()方法才行。

有时，.和[ ]也可以同时混合使用，例如：

```
${sessionScope.shoppingCart[0].price}
```

需要注意的是，如下两种情况下，.(点操作)和[]不能互换。

(1)　当要存取的数据名称中包含不是字母或数字的特殊字符时，只能使用[]运算符。例如：

```
${sessionScope.user.["user-sex"]} 不能写成 ${sessionScope.user.user-sex}
```

(2)　当取得的数据为动态值时，只能使用[]。例如：

```
${sessionScope.user.[param]}
```

其中，param 是自定义的变量，其值可以是 user 对象的 name、sex、age 等。

3．算术运算符

EL 表达式提供可以进行加减乘除和求余的 5 种算术运算符，各种算术运算符以及用法如表 8-1 所列。

表 8-1　EL 提供的算术运算符

EL 算术运算符	说　明	范　　例	结　果
+	加	${15+2}	17
-	减	${15-2}	13
*	乘	${15*2}	30
/ 或 div	除	${15/2} 或 ${15 div 2}	7
% 或 mod	求余	${15%2} 或 ${15 mod 2}	1

需要注意的是，EL 的"+"运算符与 Java 的"+"运算符不一样，它无法实现两个字符串的连接运算，如果该运算符连接的两个值不能转换为数值型的字符串，则会抛出异常。如果使用该运算符连接两个可以转换为数值型的字符串，EL 会自动地将这两个字符串转换为数值型数据，再进行加法运算。

【例 8-1】算术运算符演示(math_demo.jsp)：

```
<%@ page contentType="text/html" pageEncoding="GBK"%>
<html>
<head><title>EL 算术运算符操作演示</title></head>
<body>
<%
//存放的是数字
pageContext.setAttribute("num1", 10);
pageContext.setAttribute("num2", 20);
%>
```

```
<h1>EL 算术运算符操作演示</h1>
<hr/>
<h3>加法操作：${num1 + num2}</h3>
<h3>减法操作：${num1 - num2}</h3>
<h3>乘法操作：${num1 * num2}</h3>
<h3>除法操作：${num1 / num2}和${num1 div num2}</h3>
<h3>取模操作：${num1 % num2}和${num1 mod num2}</h3>
</body>
</html>
```

math_demo.jsp 文件的运行结果如图 8-1 所示。

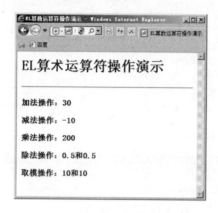

图 8-1　EL 算术运算符的操作演示

4．关系运算符

用 EL 表达式可以实现关系运算。关系运算符用于实现两个表达式的比较。进行比较的表达式可以是数值型的，也可以是字符串。EL 中提供的各种关系运算符如表 8-2 所示。

表 8-2　EL 关系运算符

EL 关系运算符	说　明	范　例	结　果
== 或 eq	等于	${6==6} 或 ${6 eq 6}	true
		${"A"=="a"} 或 ${"A" eq "a"}	false
!= 或 ne	不等于	${6!=6} 或 ${6 ne 6}	false
		${"A"!="a"} 或 ${"A" ne "a"}	true
< 或 lt	小于	${3<8} 或 ${3 lt 8}	true
		${"A"<"a"} 或 ${"A" lt "a"}	true
> 或 gt	大于	${3>8} 或 {3 gt 8}	false
		${"A">"a"} 或 ${"A" gt "a"}	false
<= 或 le	小于等于	${3<=8} 或 ${3 le 8}	true
		${"A"<="a"} 或 ${"A" le "a"}	true
>= 或 ge	大于等于	${3>=8}8} 或 ${3 ge 8}	false
		${"A">="a"} 或 ${"A" ge "a"}	false

【例 8-2】关系运算符演示(rel_demo.jsp)：

```
<%@ page contentType="text/html; charset=gb2312"%>
<html>
<head>
<title>EL 关系运算符演示</title>
</head>
<body>
    <h1>EL 关系运算符演示</h1>
    <hr>
    <h3>\${8==8}结果为${8==8}</h3>
    <h3>\${8!=8}结果为${8!=8}</h3>
    <h3>\${3<8}结果为${3<8}</h3>
    <h3>\${3>8}结果为${3>8}</h3>
    <h3>\${3<=8}结果为${3<=8}</h3>
    <h3>\${3>=8}结果为${3>=8}</h3>
</body>
</html>
```

程序运行结果如图 8-2 所示。

图 8-2　EL 关系运算符的操作演示

5．逻辑运算符

在进行比较运算时，如果涉及两个或两个以上判断，就需要使用逻辑运算符了，逻辑运算符两边的表达式必须是布尔型(Boolean)变量，逻辑运算的结果也是布尔型(Boolean)的，EL 逻辑运算符如表 8-3 所示。

表 8-3　EL 逻辑运算符

EL 逻辑运算符	范例(A、B 为逻辑型表达式)	结　果
&& 或 and	${A && B} 或 ${A and B}	true/false
‖ 或 or	${A ‖ B} 或 ${A or B}	true/false
! 或 not	${! A } 或 ${not A}	true/false

在进行关系运算时，表达式从左向右进行运算，一旦表达式的值可以确定，将停止执行。例如，表达式 A and B and C 中，如果 A 为 true，B 为 false，则只计算 A and B；又如，表达式 A or B or C 中，如果 A 为 true，B 为 true，则只计算 A or B。

【例 8-3】EL 逻辑运算符演示(logic.jsp)：

```
<%@ page language="java" contentType="text/html; charset=gb2312" %>
<html>
<head>
<title>EL 逻辑运算符演示</title>
</head>
<body>
    <h1>EL 逻辑运算符演示</h1>
    <hr>
    <h3>\${(11<12)&&(12<13)}结果为${(11<12)&&(12<13)}</h3>
    <h3>\${(11>12)||(12>13)}结果为${(11>12)||(12>13)}</h3>
    <h3>\${!(11==12)}结果为${!(11==12)}</h3>
</body>
</html>
```

运行结果如图 8-3 所示。

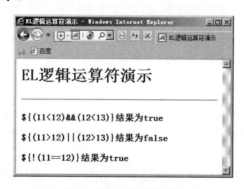

图 8-3　EL 逻辑运算符的操作演示

6. 条件运算符

在 EL 表达式中，可以进行简单的条件运算，并支持条件运算符。条件运算符的优点在于简单和方便，用法与 Java 语言的语法完全一致。格式如下：

```
${条件表达式? 表达式 1 : 表达式 2}
```

其中，条件表达式用于指定一个判定条件，该表达式的结果为 boolean 型值。可以由关系运算、逻辑运算、判空运算等运算得到。如果该表达式的运算结果为真，则返回表达式 1 的值；如果运算结果为假，则返回表达式 2 的值。

【例 8-4】EL 条件运算符演示(condition_demo.jsp)：

```
<%@ page contentType="text/html; charset=gb2312"%>
<html>
<head>
<title>EL 条件运算符演示</title>
</head>
```

```
<body>
    <h1>EL 条件运算符演示</h1>
    <hr>
    <h3>
    \${(11==12)?(13==13):(13!=13)}结果为${(11==12)?(13==13):(13!=13)}
    </h3>
    <h3>
    \${(11!=12)?(13==3):(13!=13)}结果为${(11!=12)?(13==13):(13!=13)}
    </h3>
</body>
</html>
```

运行结果如图 8-4 所示。

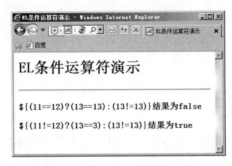

图 8-4　EL 条件运算符的操作演示

7．判空运算符

通过 empty 运算符，可以实现在 EL 表达式中判断对象是否为空。该运算符确定一个对象或者变量是否为 null 或空。若为空或者 null，或者空字符串、空数组，则返回 true，否则返回 false。

例如，应用条件运算符来实现，当 cart 变量为空时，输出购物车为空，否则输出购物车的代码如下：

```
${empty cart? "购物车为空" : cart}
```

【例 8-5】empty 运算符演示(empty_demo.jsp)：

```
<%@ page contentType="text/html" pageEncoding="GBK"%>
<html>
<head>
<title>EL empty 等运算符的操作</title>
</head>
<body>
<%
    //存放的是数字
    pageContext.setAttribute("num1", 10);
    pageContext.setAttribute("num2", 20);
    pageContext.setAttribute("num3", 30);
%>
<h1>EL empty 等运算符的操作</h1>
```

```
<hr/>
<h3>empty 操作：${empty info}</h3>
<h3>条件运算符操作：${num1>num2？ "大于" ： "小于"}</h3>
<h3>括号操作：${num1 * (num2 + num3)}</h3>
</body>
</html>
```

运行结果如图 8-5 所示。

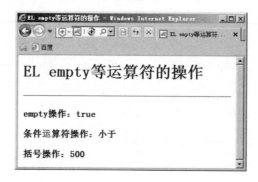

图 8-5　ELempty 等运算符的操作演示

8．运算符的优先权

在运算符参与混合运算的过程中，优先权如下所示(由高至低，由左至右)：

- []、.
- ( )
- -(负)、not、!、empty
- *、/、div、%、mod
- +、-(减)
- <、>、<=、>=、lt、gt、le、ge
- ==、!=、eq、ne
- &&、and
- ||、or
- ${A? B : C}

8.1.3　变量与常量

1．变量

EL 存取变量数据的方法很简单，例如${username}。它的意思是取出某一范围中的名称为 username 的变量值。因为没有指定哪一个范围的 username，所以，它的默认值会从 page 范围内去找，如果找不到，则按照 request、session、application 范围依次查找，如果在此期间找到 username，则直接回传，不再继续找下去，如果没有找到，则返回 null。

表 8-4 是 EL 变量的使用范围。

关于 EL 对象的作用域，将在 8.2 节详细讲解。

表 8-4　EL 变量的使用范围

属性范围	在 EL 中的名称
page	pageScope
request	requestScope
session	sessionScope
application	applicationScope

如果出现重名的情况，我们也可以根据实际需要，指定要取出哪一个范围的变量，见表 8-5。其中，pageScope、requestScope、sessionScope 和 applicationScope 都是 EL 的内部对象，由它们的名称，可以很容易猜出它们所代表的意思。例如：

```
${sessionScope.username}
```

即取出 session 范围的 username 变量。这种写法比先前 JSP 的写法容易许多：

```
String username = (String)session.getAttribute("username");
```

另外，EL 支持预定义的变量，即 EL 对象。关于 EL 对象的作用域，将在 8.2 节详细讲解。

表 8-5　取出不同范围的变量

属性范围	操　作
${pageScope.username}	取出 page 范围的 username 变量
${requestScope.username}	取出 request 范围的 username 变量
${sessionScope.username}	取出 session 范围的 username 变量
${applicationScope.username}	取出 application 范围的 username 变量

2．自动转变类型

EL 除了提供方便存取变量的语法外，它另外一个方便的功能就是自动转变类型。我们来看下面这个范例：

```
${param.count + 10}
```

假若窗体传来 count 的值为 10 时，那么上面的结果为 20。先前没接触过 JSP 的读者可能会认为上面的例子是理所当然的，但是，在 EL 之前的 JSP 1.2 中不能这样做，原因是从窗体传来的值，类型一律是 String，所以，当我们接收后，必须再将它转为其他类型，如 int、float 等，然后才能执行一些数学运算。下面是先前的做法：

```
String str_count = request.getParameter("count");
int count = Integer.parseInt(str_count);
count = count + 10;
```

EL 类型变量在使用过程等中也经常需要转换。接下来，我们介绍一下 EL 类型转换的基本规则。先假设 X 是某一类型的一个变量。

(1)　将 X 转为 String 类型。

①　当 X 为 String 时：回传 X。

②　当 X 为 null 时：回传""。

③　当 X.toString()产生异常时，返回错误。

④　其他情况则传回 A.toString()。

(2)　将 X 转为 Number 类型的 N。

①　当 X 为 null 或""时，回传 0。

②　当 X 为 Character 时，将 X 转为 new Short((short)x.charValue())。

③　当 X 为 Boolean 时，返回错误。

④　当 X 为 Number 类型，与 N 一样时，则回传 X。

⑤　当 X 为 String 时，回传 N.valueOf(X)。

(3)　将 X 转为 Boolean 类型。

①　当 X 为 null 或""时，回传 false。

②　当 X 为 Boolean 时，回传 X。

③　当 X 为 String 且 Boolean.valueOf(X)没有产生异常时，回传 Boolean.valueOf(X)。

(4)　将 X 转为 Character 类型。

①　当 X 为 null 或""时，回传(char)0。

②　当 X 为 Character 时，回传 X。

③　当 X 为 Boolean 时，返回错误。

④　当 X 为 Number 时，转换为 Short 后，回传 Character。

⑤　当 X 为 String 时，回传 X.charAt(0)。

3．常量

EL 表达式的常量也称为字面常量，它是不可改变的数据。

EL 表达式中包含多种常量。

(1)　Null 常量：Null 常量用于表示常量引用的对象为空，它只有一个值，就是 null。

(2)　整型常量：整型常量与 Java 中的十进制整型常量相似，它的取值范围与 Java 语言中 long 范围的整型常量相同，即在$-2^{63} \sim 2^{63}-1$之间。

(3)　浮点数常量：浮点数常量用整数部分加小数部分来表示，也可以用指数的形式来表示。例如，1.3e4 和 1.3 都是合法的浮点数常量，它的取值范围是 Java 语言中定义的 Double 范围，即其绝对值介于 4.9E-324 ~ 1.8E308 之间。

(4)　布尔常量：布尔常量用于区分一个事物的正反两方面，它的值只有两个，分别是 true 和 false。

(5)　字符串常量：字符串常量是使用单引号或者双引号括起来的一连串字符。如果字符常量本身又含有单引号或双引号，则需要在前面加上"\"进行转义，即用"\'"表示单引号，用"\""表示双引号。如果字符本身包含"\"，则需要用"\\"表示字面意义上的反斜杠。

(6)　符号常量：在 EL 表达式语言中，可以使用符号常量，它类似于 Java 中 final 说明的常量。使用符号常量的目的，是为了减少代码的维护量。

【例 8-6】常量的使用(symbol_const_demo.jsp):

```
<%@ page contentType="text/html" pageEncoding="GB2312"%>
<html>
    <head>
        <title>EL 中的符号常量</title>
    </head>
    <%
        String color = "#66FFFF";
        String size = "12";
        String textclr = "Blue";
        String foregr = "Red";
        pageContext.setAttribute("color", color);
        pageContext.setAttribute("size", size);
        pageContext.setAttribute("textclr", textclr);
        pageContext.setAttribute("foregr", foregr);
    %>
    <body bgcolor='${pageScope.color}'
      text="${pageScope.textclr}">
        <h1>EL 中的符号常量的用法</h1>
        <Font color="${pageScope.foregr}"
          size="${pageScope.size}">
            背景色和文本颜色已修改
        </Font><br/>
    </body>
</html>
```

运行结果如图 8-6 所示。

图 8-6　用符号常量定义颜色

8.1.4　保留字

所谓保留字，意思是系统预留的名称。在变量命名时，应该避开这些预留的名称，以免程序编译时发生错误。EL 表达式的保留字如表 8-6 所示。

表 8-6　EL 表达式的保留字

and	eq	gt	div
or	ne	le	mod
no	lt	ge	true
instanceof	empty	null	false

这里，empty 和 null 都表示空，那么，它们之间有什么区别呢？下面通过一个例子来说明一下。

【例 8-7】empty 和 null 的区别(reservedword_demo.jsp)：

```
<%@ page contentType="text/html" pageEncoding="GB2312"%>

<html>
<head>
    <title> empty 和 null 的区别</title>
</head>

<body>
    <h1>EL 中 empty 与 null 区别</h1>
    <hr/>
    <h3>name:${param.name}</h3>
    <h3>empty 处理结果：${empty param.name}</h3><br />
    <h3>==null 处理结果：${param.name == null}</h3>
</body>

</html>
```

在浏览器的地址栏中输入"http://localhost:8080/ch8/reservedword_demo.jsp"，显示结果如图 8-7 所示。

在浏览器的地址栏中输入"http://localhost:8080/ch8/reservedword_demo.jsp?name="，显示结果如图 8-8 所示。

图 8-7　empty 和 null 对""的显示结果　　　图 8-8　empty 和 null 对 null 的显示结果

由此可知，在 EL 中，empty 对""和 null 的处理都返回 true，而==null 对""返回 false，对 null 返回 true。

8.2　EL 数据访问

EL 表达式的主要功能是进行内容显示。为了显示方便，在表达式语言中，提供了许多内置对象，通过不同的内置对象的设置，表达式语言可以输出不同的内容，这些内置对象如表 8-7 所示。

表 8-7　EL 表达式的内置对象

内置对象	类　型	说　　明
pageContext	javax.servlet .ServletContext	表示此 JSP 的 pageContext
pageScope	java.util.Map	取得 page 范围的属性名称所对应的值
requestScope	java.util.Map	取得 request 范围的属性名称所对应的值
sessionScope	java.util.Map	取得 session 范围的属性名称所对应的值
applicationScope	java.util.Map	取得 application 范围的属性名称所对应的值
param	java.util.Map	如同 ServletRequest.getParameter(String name)。 返回 String 类型的值
paramValues	java.util.Map	如同 ServletRequest.getParameterValues(String name)。 返回 String[]类型的值
header	java.util.Map	如同 ServletRequest.getHeader(String name)。 返回 String 类型的值
headerValues	java.util.Map	如同 ServletRequest.getHeaders(String name)。 返回 String[]类型的值
cookie	java.util.Map	如同 HttpServletRequest.getCookies()
initParam	java.util.Map	如同 ServletContext.getInitParameter(String name)。 返回 String 类型的值

8.2.1　对象的作用域

使用 EL 表达式语言可以输出 4 种属性范围的内容，这 4 种属性范围在 EL 中的名称见表 8-8。

表 8-8　EL 表达式的属性范围

属性范围	EL 中的名称
page	pageScope
request	requestScope
session	sessionScope
application	applicationScope

如果在不同的属性范围中设置了同一个属性名称，则按照 page、request、session、application 的范围进行查找。

我们也可以指定要取出哪一个范围的变量，如表 8-9 所示。

其中，pageScope、requestScope、sessionScope 和 applicationScope 都是 EL 内置对象，由它们的名称，可以很容易猜出它们所代表的意思，例如${sessionScope.username}是取出 session 范围的 username 变量，显然这种写法比先前 JSP 的写法 String username = (String) session.getAttribute("username")要简洁许多。

表 8-9　通过 EL 取出相应属性范围内的变量

范　例	说　明
${pageScope.username}	取出 page 范围的 username 变量
${requestScope.username}	取出 request 范围的 username 变量
${sessionScope.username}	取出 session 范围的 username 变量
${applicationScope.username}	取出 application 范围的 username 变量

下面通过例子，来演示 EL 如何读取 4 种属性范围的内容。

【例 8-8】EL 读取 4 种属性范围的内容(attribute_demo.jsp)：

```
<%@ page contentType="text/html" pageEncoding="GBK"%>
<html>
<head><title>EL 读取四种属性范围的内容</title></head>
<body>
<%
    pageContext.setAttribute("info", "page 属性范围");
    request.setAttribute("info", "request 属性范围");
    session.setAttribute("info", "session 属性范围");
    application.setAttribute("info", "application 属性范围");
%>
<h1>四种属性范围</h1>
<hr/>
<h3>PAGE 属性内容: ${pageScope.info}</h3>
<h3>REQUEST 属性内容: ${requestScope.info}</h3>
<h3>SESSION 属性内容: ${sessionScope.info}</h3>
<h3>APPLICATION 属性内容: ${applicationScope.info}</h3>
</body>
</html>
```

运行结果如图 8-9 所示。

图 8-9　EL 读取四种属性范围的内容

同样，我们也可以通过表达式的 pageContext 内置对象获取 JSP 内置对象 request、session、application 的实例，可以通过 pageContext 这个表达式内置对象调用 JSP 内置对象

中提供的方法。

【例 8-9】调用 JSP 内置对象的方法(method.jsp)：

```
<%@ page contentType="text/html" pageEncoding="GBK"%>
<html>
<head><title>调用 JSP 内置对象的方法</title></head>
<body>
    <h1>EL 调用 JSP 内置对象的方法</h1>
    <hr/>
    <h3>IP 地址：${pageContext.request.remoteAddr}</h3>
    <h3>SESSION ID：${pageContext.session.id}</h3>
    <h3>是否是新 session：${pageContext.session.new}</h3>
</body>
</html>
```

运行结果如图 8-10 所示。

图 8-10　EL 调用 JSP 内置对象的方法

8.2.2　访问 JavaBean

在实际开发过程中，Servlet 通常用于处理业务逻辑，由 Servlet 来实例化 JavaBean，最后在指定的 JSP 程序中显示 JavaBean 中的内容。

使用 EL 表达式可以访问 JavaBean，基本语法格式如下：

```
${bean.property}
```

这里，bean 表示一个 JavaBean 实例对象的名称，property 代表该 JavaBean 的某一个属性。使用 EL 表达式，可以清晰简洁地把所要显示的 JavaBean 的内容显示出来。下面通过一个例子，来看一下在 JSP 中如何用 EL 表达式展示 JavaBean 中的内容。

【例 8-10】通过 EL 表达式展示 JavaBean 中的内容。

首先定义 JavaBean，在 vo 包中定义 Person.java 类，程序代码如下：

```
package vo;
public class Person {
    private String name;
    private String ID;
    public String getName() {
        return name;
```

```
    }
    public void setName(String name) {
        this.name = name;
    }
    public String getID() {
        return ID;
    }
    public void setID(String iD) {
        ID = iD;
    }
}
```

在 JavaBean 中定义了两个属性，即 name 和 ID，表示人的姓名和身份证号。

然后在 showPerson.jsp 文件中设置 JavaBean 的属性。在下面的程序中，创建了一个 Person 的实例 p1，接着对 p1 的属性设置值，然后将该对象放入到 session 作用域中，最后取出 p1 对象，将其属性显示出来，如下面的代码：

```
<%@ page language="java" contentType="text/html; charset=gb2312"%>
<%@page import="vo.Person"%>
<html>
    <body>
        <h1>使用 EL 表达式访问 JavaBean</h1>
        <HR>
        <%
            Person p1 = new Person();
            p1.setID("230225199303053456");
            p1.setName("张强");
            session.setAttribute("p1", p1);
        %>
        <h3>学生学号是: ${sessionScope.p1.ID}</h3>
        <br>
        <h3>学生姓名是: ${p1.name}</h3>
    </body>
</html>
```

程序运行结果如图 8-11 所示。

图 8-11　使用 EL 表达式访问 JavaBean

8.2.3 访问集合

在 EL 表达式中，同样可以获取集合的数据，这些集合可能是 Vector、List、Map、数组等，可以在 JSP 中获取这些对象，继而显示其中的内容。其语法格式如下：

```
${collection[序号]}
```

其中，collection 代表集合对象的名称。

例如：

```
${books[0]}
```

表示集合 books 中下标为 0 的元素。

上面表示的是一维集合，如数组、List 等，若操作的集合为二维集合，如 HashMap，它的值是 key 和 value 值对的形式，则值(value)可以这样显示：

```
${collection.key}
```

例如：

```
${p1.ID}
```

表示显示名为 p1 的 HashMap 中的 key 为 ID 的元素的值。下面是展示通过 EL 表达式访问集合的一个案例。

【例 8-11】通过 EL 表达式访问集合(collection_demo.jsp)：

```
<%@ page language="java" contentType="text/html; charset=gb2312"%>
<%@ page import="java.util.*"%>
<html>
    <body>
        <h1>使用 EL 访问集合</h1>
        <hr/>
        <%
            List books = new ArrayList();
            books.add("Java 语言程序设计");
            books.add("大学英语");
            session.setAttribute("books", books);

            HashMap stu = new HashMap();
            stu.put("stuno", "00001");
            stu.put("stuname", "张强");
            session.setAttribute("stu", stu);
        %>
        <h3>books 中的内容是：${books[0]},${books[1]}</h3>
        <br>
        <h3>stu 中的内容是：${stu.stuno},${stu.stuname}</h3>
    </body>
</html>
```

运行结果如图 8-12 所示。

图 8-12　使用 EL 表达式访问集合

8.3　其他内置对象

除了 4 种对象作用域外，EL 表达式还定义了一些其他的内置对象，可以使用它们完成对程序中的数据的快速调用。其他的常用内置对象如表 8-10 所示，其中，比较常见的是 param、cookie、initParam 三种内置对象。

表 8-10　其他内置对象

内置对象	说　　明
param	获取单个表单参数
paramValues	获取捆绑数组参数
cookie	获取 cookie 中的值
initParam	获取 web.xml 文件中的参数值

8.3.1　param 和 paramValues 对象

param 对象用于获取某个请求参数的值，它是 Map 类型，与 request.getParameter()方法相同，在 EL 获取参数时，如果参数不存在，则返回空字符串。

param 对象的使用方法如下：

```
${param.username}
```

【例 8-12】EL 表达式 param 对象的使用。

在 param-1.jsp 页面定义一个带 usernam 和 userpassword 两个参数的超级链接，链接到 param -2.jsp 上，在 param -2.jsp 上通过 EL 表达式接收这两个参数。代码如下：

```
<!--param-1.jsp-->
<%@ page contentType="text/html; charset=gb2312"%>
<html>
    <body>
        <a href="param-2.jsp?username=Mike&userpassword=888888" />
        链接到 param-2.jsp 页面
        </a>
    </body>
```

```
</html>

<!--param-2.jsp-->
<%@ page contentType="text/html; charset=gb2312"%>
<html>
    <body>
        <h1>利用 param 对象获得请求参数</h1>
        <hr/>
        <h3>${param.username }</h3>
        <br>
        <h3>${param.userpassword }</h3>
    </body>
</html>
```

运行结果如图 8-13、图 8-14 所示。

图 8-13　带参数链接的页面

图 8-14　参数通过 param 对象获取

与 param 对象相类似，paramValues 对象返回请求参数的所有值，该对象用于返回请求参数所有值组成的数组，如果想获取某个请求参数的第一个值，可以使用如下代码：

```
${paramValues.nums[0]}
```

【例 8-13】通过 paramValues 对象获取请求参数的值(paramValues.jsp)：

```
<%@ page language="java" contentType="text/html; charset=utf-8"
 pageEncoding="utf-8"%>

<html>
<head></head>
<body style="text-align: center;">
    <form action="${pageContext.request.contextPath}/paramValues.jsp">

        num1:<input type="text" name="num"><br>
        num2:<input type="text" name="num"><br>
        <input type="submit" value="提交" />  
        <input type="reset" value="重置" /><p><hr>

        num1:${paramValues.num[0]}<br>
        num2:${paramValues.num[1]}<br>
    </form>
</body>
</html>
```

运行结果如图 8-15 所示。

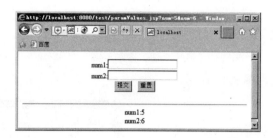

图 8-15　通过 paramValues 对象获取请求参数的值

读者需要注意的是，表单的 action 属性也是一个 EL 表达式。

${pageContext.request.contextPath}等价于<%=request.getContextPath()%>，或者可以说是<%=request.getContextPath()%>的 EL 版，意思就是取出部署的应用程序名，或者是当前的项目名称。

比如我们的项目名称是 pro01，在浏览器中输入"http://localhost:8080/pro01/login.jsp"。${pageContext.request.contextPath}或<%=request.getContextPath()%>取出来的就是/pro01，而"/"代表的含义就是 http://localhost: 8080。

所以，我们项目中应该这样写：${pageContext.request.contextPath}/login.jsp。

8.3.2　cookie 对象

EL 表达式的 cookie 内置对象可以获取 cookie 的值。使用方法为：

```
${cookie.Cookie 名称.value}
```

例如：

```
${cookie.username.value}
```

显示名称为 username 的 cookie 的值。

【例 8-14】获取 cookie 的值：

```
<!--cookie-1.jsp-->
<%@ page contentType="text/html; charset=gb2312"%>
<html>
    <body>
        <%
            response.addCookie(new Cookie("username", "Make"));
        %>
        <a href="cookie-2.jsp" />跳转 cookie-2.jsp 页面
    </body>
</html>

<--cookie-2.jsp-->
<%@ page contentType="text/html; charset=gb2312"%>
<html>
    <body>
        <h1>获得 cookie 对象</h1>
        <hr>
```

```
        <h3>${cookie.username.value }</h3>
    </body>
</html>
```

运行结果如图 8-16、图 8-17 所示。

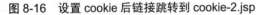

图 8-16　设置 cookie 后链接跳转到 cookie-2.jsp　　　　图 8-17　获取了 cookie 的值

8.3.3　initParam 对象

EL 表达式的 initParam 内置对象可以获取 web.xml 文件中初始化参数的值，使用方法为：

```
${initParam.参数名称}
```

例如：

```
${initParam.encoding}
```

表示获取 web.xml 中定义的参数 encoding 的值。

【例 8-15】获取 web.xml 文件中初始化参数的值。

先在 web.xml 文件中配置一个 encoding 参数，值是 utf-8，然后通过${initParam.encoding}将其得到。

web.xml 文件中的内容如下：

```
<?xml version="1.0" encoding="UTF-8"?>
<web-app version="2.5" xmlns="http://java.sun.com/xml/ns/javaee"
 xmlns:xsi="http://www.w3.org/2001/XMLSchema-instance"
 xsi:schemaLocation="http://java.sun.com/xml/ns/javaee
 http://java.sun.com/xml/ns/javaee/web-app_2_5.xsd">
    <context-param>
        <param-name>encoding</param-name>
        <param-value>utf-8</param-value>
    </context-param>
</web-app>
```

创建 initParam.jsp 文件：

```
<%@ page contentType="text/html; charset=gb2312"%>
<html>
    <body>
        initParam(初始化参数)encoding 的值是：${initParam.encoding}
    </body>
</html>
```

运行结果如图 8-18 所示。

图 8-18　获取 web.xml 文件中初始化参数的值

8.4　实训八：用 EL 表达式实现数据传递

本实训的主要功能是把用户填写的表单数据存放到 JavaBean 中，在提交处理页面中，通过 EL 表达式，读取 JavaBean 中的数据，并将其显示在网页中。

用户信息输入界面如图 8-19 所示。JavaBean 信息显示页面如图 8-20 所示。

图 8-19　用户信息输入界面

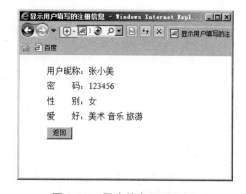

图 8-20　用户信息显示界面

首先定义 JavaBean，创建名为 UserBean.java 的 JavaBean 文件，主要用来声明用户的基本信息，并实现 Setter 和 Getter 方法。参考代码如下：

```java
package vo;
public class UserForm {
    private String username = "";        //用户名属性
    private String pwd = "";             //用户密码属性
    private String sex = "";             //用户性别属性
    private String[] affect = null;      //个人爱好属性
    public void setUsername(String username) {
        this.username = username;
    }
    public String getUsername() {
        return username;
    }
    public void setPwd(String pwd) {
        this.pwd = pwd;
    }
```

```
    public String getPwd() {
        return pwd;
    }
    public void setSex(String sex) {
        this.sex = sex;
    }
    public String getSex() {
        return sex;
    }
    public void setAffect(String[] affect) {
        this.affect = affect;
    }
    public String[] getAffect() {
        return affect;
    }
}
```

然后创建文件名为 form1.jsp 的页面文件，用于添加用户注册所需要的表单信息，参考
代码如下：

```
<%@ page language="java" contentType="text/html; charset=UTF-8"
 pageEncoding= "UTF-8"%>
<!DOCTYPE HTML>
<html>
<head>
<meta charset="utf-8">
<title>应用 EL 访问 JavaBean 属性</title>
<style>
ul {
    list-style: none;
}
li {
    padding: 5px;
}
</style>
</head>
<body>
<form name="form1" method="post" action="deal.jsp">
    <ul>
    <li>用户昵称：<input name="username" type="text" id="username"></li>
    <li>密    码：<input name="pwd" type="password" id="pwd"></li>
    <li>确认密码：<input name="repwd" type="password" id="repwd"></li>
    <li>性    别：
        <input name="sex" type="radio" value="男" checked="checked">男
        <input name="sex" type="radio" value="女">女
    </li>
    <li>爱    好：
        <input name="affect" type="checkbox" id="affect" value="体育">体育
        <input name="affect" type="checkbox" id="affect" value="美术">美术
        <input name="affect" type="checkbox" id="affect" value="音乐">音乐
        <input name="affect" type="checkbox" id="affect" value="旅游">旅游
```

```
    </li>
    <li>
    <input name="Submit" type="submit" value="提交"> 
    <input name="Submit2" type="reset" value="重置">
    </li>
    </ul>
</form>
</body>
</html>
```

最后创建 deal.jsp，用于显示用户的注册信息，参考代码如下：

```
<%@ page language="java" contentType="text/html; charset=UTF-8"
  pageEncoding="UTF-8"%>

<%request.setCharacterEncoding("UTF-8");%>
<jsp:useBean id="userForm" class="vo.UserForm" scope="page" />
<jsp:setProperty name="userForm" property="*" />

<!DOCTYPE HTML>
<html>
<head>
<meta charset="utf-8">
<title>显示用户填写的注册信息</title>
<style>
ul {
    list-style: none;
}
li {
    padding: 5px;
}
</style>
</head>
<body>
<ul
    <li>用户昵称: ${userForm.username}</li>
    <li>密    码: ${userForm.pwd}</li>
    <li>性    别: ${userForm.sex}</li>
    <li>爱    好: ${userForm.affect[0]}
            ${userForm.affect[1]}
            ${userForm.affect[2]}
            ${userForm.affect[3]}
    </li>
    <li>
    <input name="Button" type="button" class="btn_grey" value="返回"
      onClick="window.location.href='index.jsp'">
    </li>
</ul>
</body>
</html>
```

8.5　本　章　小　结

本章首先介绍了 EL 理论的相关概念及其特点，然后详细阐述了 EL 表达式的基本语法及运算规则，详细介绍了 EL 的内置对象，最后通过实例，演示了 EL 的使用方法。

练习与提高(八)

1. 选择题

(1) 在编辑时禁用 EL 表达式的方式是(　　)。

    A. 使用<%　%>　　　　　　　　B. 使用/*　　*/

    C. 使用 \　　　　　　　　　　　D. 使用<!--　-->

(2) EL 表达式在对内置对象进行查找时，最先查找的是(　　)对象。

    A. request　　　　　　　　　　B. session

    C. application　　　　　　　　　D. page

2. 填空题

(1) EL 表达式的基本语法很简单，它以＿＿＿＿＿＿＿开头，以＿＿＿＿＿＿结束，中间为合法的表达式。

(2) EL 提供.(点操作)和[]两种运算符来实现数据存取运算。.(点操作)和[]是等价的，可以相互替换。下列两者所代表的意思是一样的：

```
${sessionScope.user.sex} 等价于 ${sessionScope.user["sex"]}
```

但是需要保证要取得对象的那个的属性有相应的 setXxx()和 getXxx()方法。但当要存取的数据名称中包含不是字母或数字的特殊字符时，只能使用＿＿＿＿＿＿＿运算符。

(3) EL 存取变量数据的方法很简单，例如${username}。它的意思是取出某一范围中的名称为 username 中的变量值。因为没有指定哪一个范围的 username，所以它的默认值会从 page 范围内去找，如果找不到，则按照＿＿＿＿＿＿范围依次查找，如果在此期间找到 username，则直接回传，不再继续找下去，如果没有找到，则返回＿＿＿＿＿＿。

3. 简答题

(1) 如果 Web 容器不支持 EL，如何禁用 EL？

(2) EL 表达式的内置对象有哪些？

(3) EL 表达式的属性范围有哪些？

4. 实训题

编写一个程序，实现应用 EL 表达式显示投票结果。用户首先在 form1.jsp 页面进行投票，将投票结果在 deal.jsp 页面中进行显示。

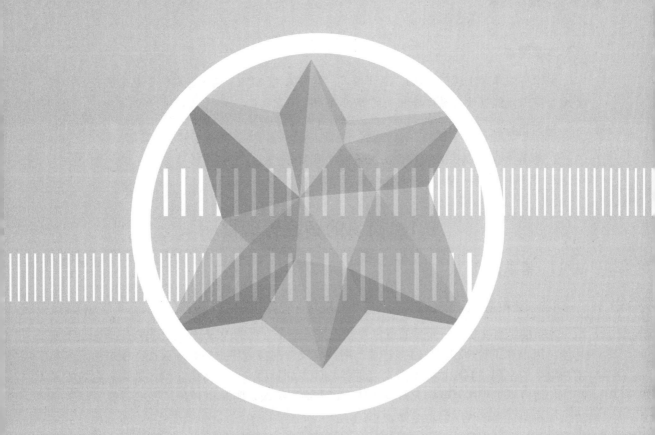

第 9 章

综合应用实训

本章要点

本章将培养学生理解 MVC 设计模式，能够采用 MVC 模式完成一个包含的技术比较全面的实例，能够开发数据库相关的 Web 应用。

学习目标

1. 理解和掌握以 JSP+JDBC 实现留言管理程序。
2. 理解和掌握以 MVC 模式实现留言管理程序。

9.1 简易的留言管理程序

9.1.1 需求分析

1．系统概述

本节的综合实例——简易的留言管理程序是一个常见的 Web 应用，主要完成两个主要功能：用户登录管理和用户留言管理。用户登录管理完成用户的登录验证，根据用户名和用户输入的密码，到数据库中查询，进行验证。如果用户名和密码正确，则进入留言管理程序。留言管理程序主要完成留言的显示、查询、插入、删除和更新。

简易留言管理程序的功能如表 9-1 所示。

表 9-1 留言管理程序的功能

程序模块	系统功能
登录	登录表单。
	登录错误提示：用户名或密码错误。
	接收表单参数。
	连接数据库。
	在数据库进行验证。
	登录成功，到显示全部留言的页面
留言管理	显示全部留言信息。
	显示有条件的检索的留言信息。
	发表留言。
	修改留言。
	删除留言

2．系统功能描述

本系统的主要目的，是为用户提供一个发布留言、管理留言的网站，为用户提供一个简易的使用界面，同时，也为日常留言管理提供了添加、修改、删除等功能。

简易留言管理程序主要实现以下功能。

(1)　用户登录功能。

用户输入登录页面网址，即进入用户登录页面，在该页面中输入用户名和密码，经系统核实后，如果没有错误，则显示该用户成功登录信息，并可跳转到留言管理的首页。

(2)　留言管理功能。

①　用户登录成功后，可进入留言管理首页，留言管理首页显示全部用户留言。

②　在查询文本框中输入查询内容，单击"查询"按钮，则显示符合条件的全部留言。

③　在显示的留言中，其中"标题"和"删除"为可链接状态，单击留言标题，则进入留言修改页面，在该页面中，用户可以更改留言的内容。

④　单击"删除"链接，则删除该留言。

⑤　用户单击"添加新留言"，则进入添加新留言的页面，输入相应的信息，即可创建新的留言。

9.1.2　总体设计

1．系统总体设计原则

简易留言板程序主要面对网络用户，因此，系统设计尽量做到简洁、友好、方便、易用，由于本实例只是为了进一步提高读者对知识的综合掌握能力，所以，实例没有进行全面拓展，只简单地实现了基本功能。有兴趣的读者可以在此基础上进行改进。

2．系统模块结构

系统模块结构如图 9-1 所示。

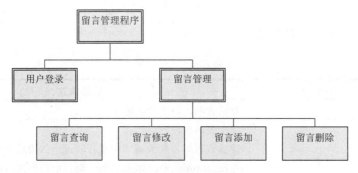

图 9-1　系统模块结构

3．数据库设计

本系统只涉及两张数据库表，即留言信息表(note1)和用户信息表(person)。

(1)　留言信息表的结构如图 9-2 所示。

字段名称	数据类型	说明
title	文本	留言标题
author	文本	留言作者
content	文本	留言具体内容
id	自动编号	留言自动编号

图 9-2　留言信息表

(2) 用户信息表的结构如图 9-3 所示。

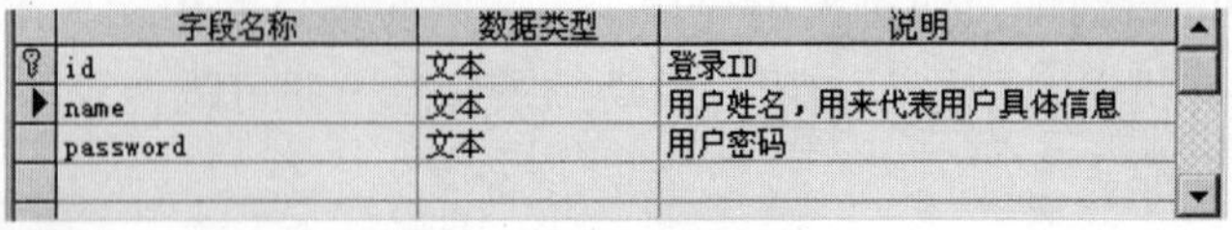

字段名称	数据类型	说明
id	文本	登录ID
name	文本	用户姓名，用来代表用户具体信息
password	文本	用户密码

图 9-3　用户信息表

9.1.3　系统实现

(1) 系统目录结构如图 9-4 所示。

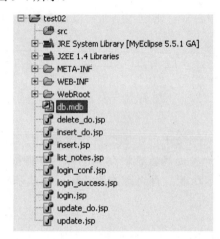

图 9-4　系统目录结构

(2) 所涉及的文件如表 9-2、表 9-3 所示。

表 9-2　登录功能

序　号	文 件 名	功能描述
1	login.jsp	登录表单，登录错误提示
2	login_conf.jsp	接受表单参数。 连接数据库，在数据库中进行验证。如果成功则，将用户名保存在 session 中；如果失败，则自动跳转到 login.jsp，进行提示，让用户再次登录
3	login_success.jsp	需要对用户是否登录做出验证，打印欢迎用户的信息。 给出超级链接，链接到 list_notes.jsp 中

表 9-3　留言管理功能

序　号	文 件 名	功能描述
1	list_notes.jsp	需要对用户是否登录做出验证。 列出全部数据(以表格形式)，链接增加、修改、删除页面，有检索信息的提示

续表

序　号	文 件 名	功能描述
2	insert.jsp	需要对用户是否登录做出验证。 表单：输入新内容的表单，给出能返回 list_notes.jsp 的链接
3	insert_do.jsp	需要对用户是否登录做出验证。 执行数据库中的 insert 语句
4	update.jsp	需要对用户是否登录做出验证。 先取出要修改的记录，将记录填写在表单中
5	update_do.jsp	需要对用户是否登录做出验证。 接受修改后的内容，并将内容在数据库中更新
6	delete_do.jsp	需要对用户是否登录做出验证。 对数据库中的内容进行删除

(3) 登录功能的实现。

登录功能由 3 个页面完成，即 login.jsp、login_conf.jsp 和 login_success.jsp。

其中，login.jsp 用来接收用户信息，login_conf.jsp 用于连接数据库，并执行判断，如果成功，则转到 login_success.jsp，失败则返回 login.jsp。

下面是登录页面 login.jsp 的代码：

```
<%@ page contentType="text/html;charset=gb2312"%>
<html>
<head>
    <title>JSP+JDBC 留言管理程序——登录</title>
</head>
<body>
<center>
    <h1>留言管理程序 JSP + JDBC 实现</h1>
    <hr>
    <br>
    <%
        //判断是否有错误信息，如果有，则打印
        //如果没有此段代码，则显示时会直接打印 null
        if(request.getAttribute("err") != null)
        {
    %>
        <h2><%=request.getAttribute("err")%></h2>
    <%
        }
    %>
<form action="login_conf.jsp" method="post">
<table width="80%">
<tr>
    <td colspan="2">用户登录</td>
</tr>
<tr>
    <td>用户名：</td>
```

```
        <td><input type="text" name="id"></td>
    </tr>
    <tr>
        <td>密  码: </td>
        <td><input type="password" name="password"></td>
    </tr>
    <tr>
        <td colspan="2">
            <input type="submit" value="登录">
            <input type="reset" value="重置">
        </td>
    </tr>
    </table>
    </form>
</center>
</body>
</html>
```

输入用户名、密码以后，就进入到 login_conf.jsp 进行判断，代码如下：

```
<%@ page contentType="text/html;charset=gb2312"%>
<%@ page import="java.sql.*"%>
<html>
<head>
    <title>JSP+JDBC 留言管理程序——登录</title>
</head>
<body>
<center>
<h1>留言管理程序</h1>
<hr>
<br>
<%!
String DBDRIVER = "sun.jdbc.odbc.JdbcOdbcDriver";

//定义数据库连接地址(DBQ 后面要跟上绝对路径)
String DBURL =
  "jdbc:odbc:driver={Microsoft Access Driver(*.mdb)};DBQ=d://db.mdb";

Connection conn = null;

PreparedStatement pstmt = null;

ResultSet rs = null;
%>
<%
//声明一个boolean 变量，用于保存用户是否合法的状态
boolean flag = false;

// 接收参数
String id = request.getParameter("id");
String password = request.getParameter("password");
```

```
%>
<%
String sql = "SELECT name FROM person WHERE id=? and password=?";
try {
    Class.forName(DBDRIVER);
    conn = DriverManager.getConnection(DBURL);
    pstmt = conn.prepareStatement(sql);
    pstmt.setString(1, id);
    pstmt.setString(2, password);
    rs = pstmt.executeQuery();
    if (rs.next()) {
        //用户合法
        flag = true;
        //将用户名保存在 session 中
        session.setAttribute("uname", rs.getString(1));
    } else {
        //保存错误信息
        request.setAttribute("err", "错误的用户名及密码！！！");
    }
    rs.close();
    pstmt.close();
    conn.close();
} catch (Exception e) {}
%>
<%
//跳转
if (flag) {
    //用户合法
%>
    <jsp:forward page="login_success.jsp" />
<%
} else {
    //用户非法
%>
    <jsp:forward page="login.jsp" />
<%
}
%>
</center>
</body>
</html>
```

登录成功，则进入登录成功页面 login_success.jsp。代码如下：

```
<%@ page contentType="text/html;charset=gb2312"%>
<html>
<head>
    <title>JSP+JDBC 留言管理程序——登录</title>
</head>
<body>
<center>
```

```
<h1>留言管理程序</h1>
<hr>
<br>
<%
if (session.getAttribute("uname") != null) {
    //用户已登录
%>
    <h2>登录成功</h2>
    <h2>
        欢迎
        <font color="red" size="12"><%=session.getAttribute("uname")%>
        </font>光临留言管理程序
    </h2>
    <h3>
        <a href="list_notes.jsp">进入留言管理页面</a>
    </h3>
<%
} else {
    //用户未登录，提示用户登录，并跳转
    response.setHeader("refresh", "2;URL=login.jsp");
%>
    您还未登录，请先登录！！！
    <br>
    两秒后自动跳转到登录窗口！！！
    <br>
    如果没有跳转，请按
    <a href="login.jsp">这里</a>！！！
    <br>
<%
}
%>
</center>
</body>
</html>
```

显示的效果如图 9-5、图 9-6 所示。

图 9-5 登录前

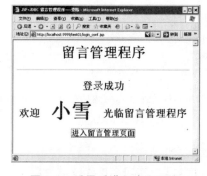

图 9-6 登录后进入欢迎页面

单击"进入留言管理页面"链接，则进入到留言页面 list_notes.jsp。该页面为本留言管理程序的核心页面，具体代码如下：

```jsp
<%@ page contentType="text/html;charset=gb2312"%>
<%@ page import="java.sql.*"%>
<html>
<head>
    <title>JSP+JDBC 留言管理程序——登录</title>
</head>
<body>
<center>
<h1>留言管理程序</h1>
<hr>
<br>
<%
//编码转换
request.setCharacterEncoding("GB2312");
if (session.getAttribute("uname") != null) {
    //用户已登录
%>
    <%!
    String DBDRIVER = "sun.jdbc.odbc.JdbcOdbcDriver";

    //定义数据库连接地址(DBQ 后面要跟上绝对路径)
    String DBURL =
      "jdbc:odbc:driver={Microsoft Access Driver(*.mdb)};DBQ=d://db.mdb";

    Connection conn = null;

    PreparedStatement pstmt = null;

    ResultSet rs = null;
    %>
<%
    //如果有内容，则修改变量 i，如果没有，则根据 i 的值进行无内容提示
    int i = 0;
    String sql = null;
    String keyword = request.getParameter("keyword");
    //out.println(keyword);
    if (keyword == null) {
        //没有任何查询条件
        sql = "SELECT id,title,author,content FROM note1";
    } else {
        //有查询条件
        sql = "SELECT id,title,author,content FROM note1
                WHERE title like ? or author like ? or content like ?";
    }

    try {
        Class.forName(DBDRIVER);
        conn = DriverManager.getConnection(DBURL);
```

```
    pstmt = conn.prepareStatement(sql);

    //如果存在查询内容，则需要设置查询条件
    if (keyword != null) {
        //存在查询条件
        pstmt.setString(1, "%" + keyword + "%");
        pstmt.setString(2, "%" + keyword + "%");
        pstmt.setString(3, "%" + keyword + "%");
    }

    rs = pstmt.executeQuery();
%>
<form action="list_notes.jsp" method="POST">
    请输入查询内容：
    <input type="text" name="keyword">
    <input type="submit" value="查询">
</form>
<h3>
    <a href="insert.jsp">添加新留言</a>
</h3>
<table width="80%" border="1">
    <tr>
        <td>留言 ID</td>
        <td>标题</td>
        <td>作者</td>
        <td>内容</td>
        <td>删除</td>
    </tr>
<%
    while (rs.next()) {
        i++;
        //进行循环打印，打印出所有的内容，以表格形式从数据库中取出内容
        int id = rs.getInt(1);
        String title = rs.getString(2);
        String author = rs.getString(3);
        String content = rs.getString(4);

        if (keyword != null) {
            //需要将数据返红
            title =
              title.replaceAll(keyword,"<font color=\"red\">"
                + keyword + "</font>");
            author =
              author.replaceAll(keyword,"<font color=\"red\">"
                + keyword + "</font>");
            content =
              content.replaceAll(keyword, "<font color=\"red\">"
                + keyword + "</font>");
        }
%>
```

```
            <tr>
                <td><%=id%></td>
                <td><a href="update.jsp?id=<%=id%>"><%=title%></a></td>
                <td><%=author%></td>
                <td><%=content%></td>
                <td><a href="delete_do.jsp?id=<%=id%>">删除</a></td>
            </tr>
<%
        }
        //判断 i 的值是否改变，如果改变，则表示有内容，反之，无内容
        if (i == 0) {
            //进行提示
%>
            <tr><td colspan="5">没有任何内容！！！</td></tr>
<%
        }
%>
    </table>
<%
    rs.close();
    pstmt.close();
    conn.close();
    } catch (Exception e) {}
%>
<%
} else {
    //用户未登录，提示用户登录，并跳转
    response.setHeader("refresh", "2;URL=login.jsp");
%>
    您还未登录，请先登录！！！
    <br>
    两秒后自动跳转到登录窗口！！！
    <br>
    如果没有跳转，请按<a href="login.jsp">这里</a>！！！
    <br>
<%
}
%>
</center>
</body>
</html>
```

单击“插入”链接，则进入插入页面，它是由插入表单页面 insert.jsp 和执行插入的操作页面 insert_do.jsp 共同完成的，代码如下：

```
<!--insert.jsp-->
<%@ page contentType="text/html;charset=gb2312"%>
<html>
<head>
    <title>JSP+JDBC 留言管理程序--登录</title>
</head>
```

```
<body>
<center>
<h1>留言管理程序</h1>
<hr>
<br>
<%
if (session.getAttribute("uname") != null) {
    //用户已登录
%>
    <form action="insert_do.jsp" method="post">
    <table>
        <tr>
            <td colspan="2">添加新留言</td>
        </tr>
        <tr>
            <td>标题: </td>
            <td><input type="text" name="title"></td>
        </tr>
        <tr>
            <td>作者: </td>
            <td><input type="text" name="author"></td>
        </tr>
        <tr>
            <td>内容: </td>
            <td>
                <textarea name="content" cols="30" rows="6"></textarea>
            </td>
        </tr>
        <tr>
            <td colspan="2">
                <input type="submit" value="添加">
                <input type="reset" value="重置">
            </td>
        </tr>
    </table>
    </form>
    <h3><a href="list_notes.jsp">回到留言列表页</a></h3>
<%
} else {
    //用户未登录, 提示用户登录, 并跳转
    response.setHeader("refresh", "2;URL=login.jsp");
%>
    您还未登录, 请先登录! ! !
    <br>
    两秒后自动跳转到登录窗口! ! !
    <br>
    如果没有跳转, 请按<a href="login.jsp">这里</a>! ! !
    <br>
<%
}
```

```
%>
</center>
</body>
</html>

<!--insert_do.jsp-->
<%@ page contentType="text/html;charset=gb2312"%>
<%@ page import="java.sql.*"%>
<html>
<head>
    <title>JSP+JDBC 留言管理程序——登录</title>
</head>
<body>
<center>
<h1>留言管理程序</h1>
<hr>
<br>
<%
//进行乱码处理
request.setCharacterEncoding("GB2312");
%>
<%
if (session.getAttribute("uname") != null) {
    //用户已登录
%>
    <%!
    String DBDRIVER = "sun.jdbc.odbc.JdbcOdbcDriver";

    //定义数据库连接地址(DBQ 后面要跟上绝对路径)
    String DBURL =
      "jdbc:odbc:driver={Microsoft Access Driver(*.mdb)};DBQ=d://db.mdb";
    Connection conn = null;
    PreparedStatement pstmt = null;
    %>
<%
    //声明一个 boolean 变量
    boolean flag = false;

    //接收参数
    String title = request.getParameter("title");
    String author = request.getParameter("author");
    String content = request.getParameter("content");
%>
<%
    //现在 note 表中的主键是 sequence 生成
    String sql =
      "INSERT INTO note1(title,author,content) VALUES(?,?,?)";
    try {
        Class.forName(DBDRIVER);
        conn = DriverManager.getConnection(DBURL);
```

```
        pstmt = conn.prepareStatement(sql);
        pstmt.setString(1, title);
        pstmt.setString(2, author);
        pstmt.setString(3, content);
        pstmt.executeUpdate();
        pstmt.close();
        conn.close();
        //如果插入成功，则肯定能执行到此段代码
        flag = true;
    } catch (Exception e) {}
%>
<%
    response.setHeader("refresh", "2;URL=list_notes.jsp");

    if (flag) {
%>
        留言添加成功，两秒后跳转到留言列表页！！！
        <br>
        如果没有跳转，请按<a href="list_notes.jsp">这里</a>！！！
<%
    } else {
%>
        留言添加失败，两秒后跳转到留言列表页！！！
        <br>
        如果没有跳转，请按<a href="list_notes.jsp">这里</a>！！！
<%
    }
%>

<%
} else {

    //用户未登录，提示用户登录，并跳转
    response.setHeader("refresh", "2;URL=login.jsp");
%>
    您还未登录，请先登录！！！
    <br>
    两秒后自动跳转到登录窗口！！！
    <br>
    如果没有跳转，请按<a href="login.jsp">这里</a>！！！
    <br>
<%
}
%>
</center>
</body>
</html>
```

由于篇幅限制，对于更新操作及删除操作，读者可以参考源文件。

9.2 MVC 模式留言管理程序

9.2.1 需求分析

1. 以往开发中的问题

通过 9.1 节的综合实训，可以发现，设计的留言管理程序存在以下问题。

(1) 大量的、重复的 JDBC 代码分散在 JSP 页面中，维护起来非常困难。

(2) 存在数据库安全隐患。JSP 中不应该使用任何 SQL 包，即不能在 JSP 中直接使用 java.sql.*，原因是，JSP 应该只关注数据显示，而不关心数据是从哪里取出，或向哪里存储，如果在 JSP 代码中显示 SQL 包，就会极大地降低程序的安全性。

(3) 所有的数据库操作代码最好使用 PreparedStatement。

要解决上述问题，我们可以采用 MVC 模式。

2. MVC 模式

MVC 的英文全拼是 Model-View-Controller，即把一个应用的输入、处理、输出流程按照 Model、View、Controller 的方式进行分离，这样，一个应用将被分为三个层——模型层、视图层、控制层。

(1) 视图(View)：代表用户交互界面，对于 Web 应用来说，可以概括为 HTML 页面，但有可能为 XHTML、XML 和 Applet。随着应用复杂性的提高和规模的扩大，界面的处理也变得具有挑战性。一个应用可能有很多不同的视图，MVC 设计模式对于视图的处理仅限于视图上数据的采集和处理，以及用户的请求，而不包括在视图上的业务流程的处理。业务流程的处理交予模型(Model)来处理。比如，一个订单的视图只接受来自模型的数据并显示给用户，以及将用户界面的输入数据和请求传递给控制器和模型。

(2) 模型(Model)：就是业务流程/状态的处理以及业务规则的制定。业务流程的处理过程对其他层来说是黑箱操作，模型接受视图请求的数据，并返回最终的处理结果。

(3) 控制器(Controller)：可以理解为从用户接收请求，将模型与视图匹配在一起，共同完成用户的请求。划分控制层的作用也很明显，它清楚地告诉你，它就是一个分发器，选择什么样的模型，选择什么样的视图，可以完成什么样的用户请求。控制层并不做任何数据处理。例如，用户点击一个连接，控制层接受请求后，并不处理业务信息，它只把用户的信息传递给模型，告诉模型做什么，选择符合要求的视图返回给用户。因此，一个模型可能对应多个视图，一个视图可能对应多个模型。

模型、视图与控制器的分离，使得一个模型可以具有多个显示视图。

如果用户通过某个视图的控制器改变了模型的数据，所有其他依赖于这些数据的视图都应反映出这些变化。

因此，无论何时发生了何种数据变化，控制器都会将变化通知给所有的视图，导致显示的更新。这实际上是一种模型的"变化-传播"机制。模型、视图、控制器三者之间互相联系，又执行各自的主要功能。

9.2.2 总体设计

1. 系统的总体设计原则

采用 MVC 模式设计简易留言管理程序。

在 Java 平台企业版中，为模型对象(Model Objects)定义了一个规范。

(1) 视图(View)：视图可能由 Java Server Page(JSP)承担。生成视图的代码则可能是一个 Servlet 的一部分，尤其在客户端/服务端交互的时候。

(2) 控制器(Controller)：控制器可能是一个 Servlet，现在一般用 Struts 来实现。

(3) 模型(Model)：模型则是由一个实体 Bean 来实现。

2. 系统模块结构

系统模块结构图、数据库设计同 9.1 节的综合实训。

9.2.3 系统实现

1. 系统的目录结构

系统的目录结构如图 9-7 所示。

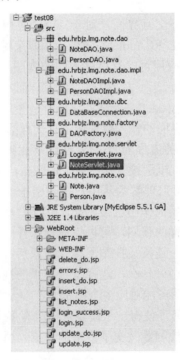

图 9-7 MVC 留言管理程序的目录结构

2. 所涉及的文件

(1) JSP 文件(视图)如表 9-4 所示。

表 9-4 MVC 留言管理程序的视图文件

序 号	文 件 名	功能描述
1	list_notes.jsp	需要对用户是否登录做出验证。 列出全部数据(以表格形式)。 链接增加、修改、删除页面。 有检索信息的提示
2	insert.jsp	需要对用户是否登录做出验证。 表单:输入新内容的表单。 给出能返回 list_notes.jsp 的链接
3	insert_do.jsp	需要对用户是否登录做出验证。 调用插入 Servlet
4	update.jsp	需要对用户是否登录做出验证。 先取出要修改的记录。 将记录填写在表单中
5	update_do.jsp	需要对用户是否登录做出验证。 调用更新 Servlet
6	delete_do.jsp	需要对用户是否登录做出验证。 调用删除 Servlet

(2) Servlet 文件(控制器)如表 9-5 所示。

表 9-5 MVC 留言管理程序的控制器文件

序 号	所 在 包	文 件 名	功能描述
1	edu.hrbjz.lmg.note.servlet	LoginServlet	登录功能控制
2	edu.hrbjz.lmg.note.servlet	NoteServlet	留言管理功能控制。包括留言查询、留言添加、留言修改、留言删除

(3) Java 文件(模型)如表 9-6 所示。

表 9-6 MVC 留言管理程序的模型文件

序 号		文 件 名	功能描述
1	edu.hrbjz.lmg.note.vo	Note.java Person.java	值对象,对于本案例,值对象为数据库中两张表所对应的类
2	edu.hrbjz.lmg.note.dao	NoteDAO.java PersonDAO.java	DAO 数据库访问接口
3	edu.hrbjz.lmg.note.dao.impl	NoteDAOImpl.java PersonDAOImpl.java	前面两接口的具体实现
4	edu.hrbjz.lmg.note.dbc	DataBaseConnection.java	该类提供数据库连接
5	edu.hrbjz.lmg.note.factory	DAOFactory.java	工厂类

3. 数据库连接类 DataBaseConnection

为了更方便地提供数据库连接，提供了数据库连接类文件 DataBaseConnection.java，该类返回一个数据库连接：

```
package edu.hrbjz.lmg.note.dbc;
import java.sql.*;
public class DataBaseConnection
{
    String DBDRIVER = "sun.jdbc.odbc.JdbcOdbcDriver";
    //定义数据库连接地址(DBQ 后面要跟上绝对路径)
    String DBURL =
      "jdbc:odbc:driver={Microsoft Access Driver(*.mdb)};DBQ=d://db.mdb";
    private Connection conn = null;
    public DataBaseConnection()
    {
        try
        {
            Class.forName(DBDRIVER);
            this.conn = DriverManager.getConnection(DBURL);
        }
        catch (Exception e)
        {
        }
    }
    public Connection getConnection()
    {
        return this.conn;
    }
    public void close()
    {
        try
        {
            this.conn.close();
        }
        catch (Exception e)
        {
        }
    }
};
```

4. web.xml 文件的配置

由于使用到了 Servlet，所以要配置 web.xml 文件，在其中添加以下代码：

```
...
<servlet>
    <servlet-name>login</servlet-name>
    <servlet-class>
        edu.hrbjz.lmg.note.servlet.LoginServlet
    </servlet-class>
```

```
</servlet>
<servlet>
    <servlet-name>note</servlet-name>
    <servlet-class>edu.hrbjz.lmg.note.servlet.NoteServlet</servlet-class>
</servlet>
<servlet-mapping>
    <servlet-name>note</servlet-name>
    <url-pattern>/Note</url-pattern>
</servlet-mapping>
<servlet-mapping>
    <servlet-name>login</servlet-name>
    <url-pattern>/Login</url-pattern>
</servlet-mapping>
...
```

5. 登录功能的实现

登录功能的 MVC 模型构成如下。

模型：Person.java，及与数据库操作相关的模型 PersonDAO.java、PersonDAOImpl.java。

视图：login.jsp、login_success.jsp。

控制器：LoginServlet。

(1) 模型：

```java
//Person.java
package edu.hrbjz.lmg.note.vo;
public class Person
{   private String id;
    private String name;
    private String password;

    public void setId(String id)
    {
        this.id = id;
    }
    public void setName(String name)
    {
        this.name = name;
    }
    public void setPassword(String password)
    {
        this.password = password;
    }
    public String getId()
    {
        return this.id;
    }
    public String getName()
    {
        return this.name;
    }
}
```

```
    public String getPassword()
    {
        return this.password;
    }
};
```

(2) 定义相应的数据操作接口 PersonDAO.java，提供登录的方法：

```
//PersonDAO.java
package edu.hrbjz.lmg.note.dao;
import edu.hrbjz.lmg.note.vo.*;
public interface PersonDAO
{
    //做登录验证
    public boolean login(Person person) throws Exception;
};
```

(3) 对 PersonDAO.java 接口的具体实现由 ersonDAOImpl.java 来完成，它完成了一个具体的数据库操作：

```
//PersonDAOImpl.java
package edu.hrbjz.lmg.note.dao.impl;
import java.sql.*;
import edu.hrbjz.lmg.note.dao.*;
import edu.hrbjz.lmg.note.dbc.*;
import edu.hrbjz.lmg.note.vo.*;
public class PersonDAOImpl implements PersonDAO
{
    /*
        功能：
                • 判断是否是正确的用户名或密码
                • 从数据库中取出用户的真实姓名
    */
    public boolean login(Person person) throws Exception
    {
        boolean flag = false;
        String sql = "SELECT name FROM person WHERE id=? and password=?";
        PreparedStatement pstmt = null;
        DataBaseConnection dbc = null;
        dbc = new DataBaseConnection();
        try
        {
            pstmt = dbc.getConnection().prepareStatement(sql);
            pstmt.setString(1,person.getId());
            pstmt.setString(2,person.getPassword());
            ResultSet rs = pstmt.executeQuery();
            if(rs.next())
            {
                flag = true;
                person.setName(rs.getString(1));
            }
```

```
            rs.close();
            pstmt.close();
        }
    catch (Exception e)
    {
            throw new Exception("操作出现错误！！！");
    }
    finally
    {
            dbc.close();
    }

        return flag;
    }
};
```

(4) 视图相对简单，含有两个 JSP 页面 login.jsp、login_success.jsp，而先前包含控制页面跳转和数据库操作内容的 login_conf.jsp 这里已经不需要了。

```
<!--login.jsp-->
<%@ page contentType="text/html;charset=gb2312"%>
<html>
<head>
    <title>MVC 模式留言管理程序—登录</title>
</head>
<body>
<center>
    <h1>MVC 模式留言管理程序</h1>
    <hr>
    <br>
    <%
    //判断是否有错误信息，如果有则打印，
    //如果没有此段代码，则显示时会直接打印 null
    if(request.getAttribute("err") != null)
    {
    %>
        <h2><%=request.getAttribute("err")%></h2>
    <%
    }
    %>
    <form action="Login" method="post">
    <table width="80%">
    <tr>
        <td colspan="2">用户登录</td>
    </tr>
    <tr>
        <td>用户名：</td>
        <td><input type="text" name="id"></td>
    </tr>
    <tr>
        <td>密  码：</td>
```

```
            <td><input type="password" name="password"></td>
        </tr>
        <tr>
            <td colspan="2">
                <input type="submit" value="登录">
                <input type="reset" value="重置">
            </td>
        </tr>
        </table>
        </form>
</center>
</body>
</html>


<!--login_success.jsp-->
<%@ page contentType="text/html;charset=gb2312"%>
<html>
<head>
    <title>MVC 模式留言管理程序</title>
</head>
<body>
<center>
    <h1>MVC 模式留言管理程序</h1>
    <hr>
    <br>
    <%
    if(session.getAttribute("uname")!=null)
    {
        //用户已登录
    %>
        <h2>登录成功</h2>
        <h2>欢迎
        <font color="red" size="12">
        <%=session.getAttribute("uname")%>
        </font>光临 MLDN 留言程序
        </h2>
        <h3><a href="Note?status=selectall">进入留言管理页面</a></h3>
    <%
    }
    else
    {
        //用户未登录，提示用户登录，并跳转
        response.setHeader("refresh", "2;URL=login.jsp");
    %>
        您还未登录，请先登录！！！<br>
        两秒后自动跳转到登录窗口！！！<br>
        如果没有跳转，请按<a href="login.jsp">这里</a>！！！<br>
    <%
    }
    %>
```

```
</center>
</body>
</html>
```

(5) 控制功能由控制器 LoginServlet 来完成：

```
//LoginServlet
package edu.hrbjz.lmg.note.servlet;
import java.io.*;
import javax.servlet.*;
import javax.servlet.http.*;
import edu.hrbjz.lmg.note.vo.*;
import edu.hrbjz.lmg.note.factory.*;
public class LoginServlet extends HttpServlet {
    public void doGet(HttpServletRequest request,
      HttpServletResponse response)
      throws IOException, ServletException {
        this.doPost(request, response);
    }
    public void doPost(HttpServletRequest request,
      HttpServletResponse response)
      throws IOException, ServletException {
        String path = "login.jsp";
        //1.接收传递的参数
        String id = request.getParameter("id");
        String password = request.getParameter("password");
        //2.将请求的内容赋值给 VO 类
        Person person = new Person();
        person.setId(id);
        person.setPassword(password);

        try {
            //进行数据库验证
            if (DAOFactory.getPersonDAOInstance().login(person)) {
                //如果为真，则表示用户 ID 和密码合法
                //设置用户姓名到 session 范围中
                request.getSession()
                  .setAttribute("uname", person.getName());
                //修改跳转路径
                path = "login_success.jsp";
            } else {
                //登录失败
                //设置错误信息
                request.setAttribute("err", "错误的用户 ID 及密码！！！");
            }
        } catch (Exception e) {}
        //进行跳转
        request.getRequestDispatcher(path).forward(request, response);
    }
};
```

 JSP 编程技术

6. 留言功能的实现

留言管理功能的 MVC 模型构成如下。

模型：Note.java，以及与数据库操作相关的模型 NoteDAO.java、NoteDAOImpl.java。

视图：List_notes.jsp、Insert.jsp、Insert_do.jsp、Update.jsp、Update_do.jsp、Delete_do.jsp。

控制器：NoteServlet。

(1) 模型：

```java
//Note.java
package edu.hrbjz.lmg.note.vo;
public class Note
{
    private int id;
    private String title;
    private String author;
    private String content;
    public void setId(int id)
    {
        this.id = id;
    }
    public void setTitle(String title)
    {
        this.title = title;
    }
    public void setAuthor(String author)
    {
        this.author = author;
    }
    public void setContent(String content)
    {
        this.content = content;
    }
    public int getId()
    {
        return this.id;
    }
    public String getTitle()
    {
        return this.title;
    }
    public String getAuthor()
    {
        return this.author;
    }
    public String getContent()
    {
        return this.content;
    }
};
```

(2)　与 Note 相关的操作数据库的 DAO 接口：

```
//DAO.java
package edu.hrbjz.lmg.note.dao;
import java.util.*;
import edu.hrbjz.lmg.note.vo.*;
public interface NoteDAO
{
    //增加操作
    public void insert(Note note) throws Exception;
    //修改操作
    public void update(Note note) throws Exception;
    //删除操作
    public void delete(int id) throws Exception;
    //按 ID 查询，为更新使用
    public Note queryById(int id) throws Exception;
    //查询全部
    public List queryAll() throws Exception;
    //模糊查询
    public List queryByLike(String cond) throws Exception;
};
```

(3)　NoteDAOImpl.java 是对这个接口的实现：

```
//NoteDAOImpl.java
package edu.hrbjz.lmg.note.dao.impl;
import java.sql.*;
import java.util.*;
import edu.hrbjz.lmg.note.dao.*;
import edu.hrbjz.lmg.note.dbc.*;
import edu.hrbjz.lmg.note.vo.*;
public class NoteDAOImpl implements NoteDAO
{
    //增加操作
    public void insert(Note note) throws Exception
    {
        String sql =
          "INSERT INTO note1(title,author,content) VALUES(?,?,?)";
        PreparedStatement pstmt = null;
        DataBaseConnection dbc = null;
        dbc = new DataBaseConnection();
        try
        {
            pstmt = dbc.getConnection().prepareStatement(sql);
            pstmt.setString(1, note.getTitle());
            pstmt.setString(2, note.getAuthor());
            pstmt.setString(3, note.getContent());
            pstmt.executeUpdate();
            pstmt.close();
        }
        catch (Exception e)
```

```
    {
        //System.out.println(e);
        throw new Exception("操作中出现错误！！！");
    }
    finally
    {
        dbc.close();
    }
}
//修改操作
public void update(Note note) throws Exception
{
    String sql =
      "UPDATE note1 SET title=?,author=?,content=? WHERE id=?";
    PreparedStatement pstmt = null;
    DataBaseConnection dbc = null;
    dbc = new DataBaseConnection();
    try
    {
        pstmt = dbc.getConnection().prepareStatement(sql);
        pstmt.setString(1, note.getTitle());
        pstmt.setString(2, note.getAuthor());
        pstmt.setString(3, note.getContent());
        pstmt.setInt(4, note.getId());
        pstmt.executeUpdate();
        pstmt.close();
    }
    catch (Exception e)
    {
        throw new Exception("操作中出现错误！！！");
    }
    finally
    {
        dbc.close();
    }
}
//删除操作
public void delete(int id) throws Exception
{
    String sql = "DELETE FROM note1 WHERE id=?";
    PreparedStatement pstmt = null;
    DataBaseConnection dbc = null;
    dbc = new DataBaseConnection();
    try
    {
        pstmt = dbc.getConnection().prepareStatement(sql);
        pstmt.setInt(1,id);
        pstmt.executeUpdate();
        pstmt.close();
    }
```

```
        catch (Exception e)
        {
            throw new Exception("操作中出现错误！！！");
        }
        finally
        {
            dbc.close();
        }
    }
    //按 ID 查询，主要为更新使用
    public Note queryById(int id) throws Exception
    {
        Note note = null;
        String sql =
          "SELECT id,title,author,content FROM note1 WHERE id=?";
        PreparedStatement pstmt = null;
        DataBaseConnection dbc = null;
        dbc = new DataBaseConnection();
        try
        {
            pstmt = dbc.getConnection().prepareStatement(sql);
            pstmt.setInt(1, id);
            ResultSet rs = pstmt.executeQuery();
            if(rs.next())
            {
                note = new Note();
                note.setId(rs.getInt(1));
                note.setTitle(rs.getString(2));
                note.setAuthor(rs.getString(3));
                note.setContent(rs.getString(4));
            }
            rs.close();
            pstmt.close();
        }
        catch (Exception e)
        {
            throw new Exception("操作中出现错误！！！");
        }
        finally
        {
            dbc.close();
        }
        return note;
    }
    //查询全部
    public List queryAll() throws Exception
    {
        List all = new ArrayList();
        String sql = "SELECT id,title,author,content FROM note1";
        PreparedStatement pstmt = null;
```

```
        DataBaseConnection dbc = null;
        dbc = new DataBaseConnection();
        try
        {
            pstmt = dbc.getConnection().prepareStatement(sql);
            ResultSet rs = pstmt.executeQuery();
            while(rs.next())
            {
                Note note = new Note();
                note.setId(rs.getInt(1));
                note.setTitle(rs.getString(2));
                note.setAuthor(rs.getString(3));
                note.setContent(rs.getString(4));
                all.add(note);
            }
            rs.close();
            pstmt.close();
        }
        catch (Exception e)
        {
            System.out.println(e);
            throw new Exception("操作中出现错误！！！");
        }
        finally
        {
            dbc.close();
        }
        return all;
}
//模糊查询
public List queryByLike(String cond) throws Exception
{
    List all = new ArrayList();
    String sql = "SELECT id,title,author,content FROM note1 WHERE
        title LIKE ? or AUTHOR LIKE ? or CONTENT LIKE ?";
    PreparedStatement pstmt = null;
    DataBaseConnection dbc = null;
    dbc = new DataBaseConnection();
    try
    {
        pstmt = dbc.getConnection().prepareStatement(sql);
        pstmt.setString(1, "%" + cond + "%");
        pstmt.setString(2, "%" + cond + "%");
        pstmt.setString(3, "%" + cond + "%");
        ResultSet rs = pstmt.executeQuery();
        while(rs.next())
        {
            Note note = new Note();
            note.setId(rs.getInt(1));
            note.setTitle(rs.getString(2));
```

```
                note.setAuthor(rs.getString(3));
                note.setContent(rs.getString(4));
                all.add(note);
            }
            rs.close();
            pstmt.close();
        }
        catch (Exception e)
        {
            System.out.println(e);
            throw new Exception("操作中出现错误！！！");
        }
        finally
        {
            dbc.close();
        }
        return all;
    }
};
```

(4) 控制器 NoteServlet.java 完成具体控制：

```
//NoteServlet.java
package edu.hrbjz.lmg.note.servlet;
import java.io.*;
import javax.servlet.*;
import javax.servlet.http.*;
import edu.hrbjz.lmg.note.factory.*;
import edu.hrbjz.lmg.note.vo.*;

public class NoteServlet extends HttpServlet
{
    public void doGet(HttpServletRequest request,
      HttpServletResponse response) throws IOException,ServletException
    {
        this.doPost(request, response);
    }
    public void doPost(HttpServletRequest request,
      HttpServletResponse response) throws IOException,ServletException
    {
        request.setCharacterEncoding("GB2312");
        String path = "errors.jsp";
        //接收要操作的参数值
        String status = request.getParameter("status");
        if(status != null)
        {
            //参数有内容，之后选择合适的方法
            //查询全部操作
            if("selectall".equals(status))
            {
                try
```

```
    {
        request.setAttribute(
            "all", DAOFactory.getNoteDAOInstance().queryAll());
    }
    catch (Exception e)
    {
    }
    path = "list_notes.jsp";
}
//插入操作
if("insert".equals(status))
{
    //1.接收插入的信息
    String title = request.getParameter("title");
    String author = request.getParameter("author");
    String content = request.getParameter("content");
    //2.实例化 VO 对象
    Note note = new Note();
    note.setTitle(title);
    note.setAuthor(author);
    note.setContent(content);
    //3.调用 DAO 完成数据库的插入操作
    boolean flag = false;
    try
    {
        DAOFactory.getNoteDAOInstance().insert(note);
        flag = true;
    }
    catch (Exception e)
    {}
    request.setAttribute("flag", new Boolean(flag));
    path = "insert_do.jsp";
}
//按 ID 查询操作, 修改前, 需要将数据先查询出来
if("selectid".equals(status))
{
    //接收参数
    int id = 0;
    try
    {
        id = Integer.parseInt(request.getParameter("id"));
    }
    catch(Exception e)
    {}
    try
    {
        request.setAttribute(
            "note", DAOFactory.getNoteDAOInstance().queryById(id));
    }
    catch (Exception e)
```

```
        {
        }
        path = "update.jsp";
    }
    //更新操作
    if("update".equals(status))
    {
        int id = 0;
        try
        {
            id = Integer.parseInt(request.getParameter("id"));
        }
        catch(Exception e)
        {}
        String title = request.getParameter("title");
        String author = request.getParameter("author");
        String content = request.getParameter("content");
        Note note = new Note();
        note.setId(id);
        note.setTitle(title);
        note.setAuthor(author);
        note.setContent(content);
        boolean flag = false;
        try
        {
            DAOFactory.getNoteDAOInstance().update(note);
            flag = true;
        }
        catch (Exception e)
        {}
        request.setAttribute("flag", new Boolean(flag));
        path = "update_do.jsp";
    }
    //模糊查询
    if("selectbylike".equals(status))
    {
        String keyword = request.getParameter("keyword");
        try
        {
            request.setAttribute(
                "all",
                DAOFactory.getNoteDAOInstance().queryByLike(keyword));
        }
        catch (Exception e)
        {
        }
        path = "list_notes.jsp";
    }
    //删除操作
    if("delete".equals(status))
```

```
        {
                //接收参数
                int id = 0;
                try
                {
                    id = Integer.parseInt(request.getParameter("id"));
                }
                catch(Exception e)
                {}
                boolean flag = false;
                try
                {
                    DAOFactory.getNoteDAOInstance().delete(id);
                    flag = true;
                }
                catch (Exception e)
                {}
                request.setAttribute("flag",new Boolean(flag));
                path = "delete_do.jsp";
            }
        }
        else
        {
            //表示无参数，非法的客户请求
        }
        request.getRequestDispatcher(path).forward(request, response);
    }
};
```

(5) 视图：由于篇幅有限，这里只给出 list_notes.jsp、insert.jsp、insert_do.jsp 的代码，其他代码请参照本程序的源代码。

```
<!--list_notes.jsp-->
<%@ page contentType="text/html;charset=gb2312"%>
<%@ page import="java.util.*"%>
<%@ page import="edu.hrbjz.lmg.note.vo.*"%>
<html>
<head>
    <title>MVC 模式留言管理程序</title>
</head>
<body>
<center>
<h1>MVC 模式留言管理程序</h1>
<hr>
<br>
<%
//编码转换
request.setCharacterEncoding("GB2312");
if (session.getAttribute("uname") != null) {
    //用户已登录
%>
```

```
<%
    //如果有内容，则修改变量 i，如果没有，则根据 i 的值进行无内容提示
    int i = 0;
    String keyword = request.getParameter("keyword");
    List all = null;
    all = (List)request.getAttribute("all");
%>
<form action="Note" method="POST">
    请输入查询内容：
    <input type="text" name="keyword">
    <input type="hidden" name="status" value="selectbylike">
    <input type="submit" value="查询">
</form>
<h3><a href="insert.jsp">添加新留言</a></h3>
<table width="80%" border="1">
    <tr>
        <td>留言 ID</td>
        <td>标题</td>
        <td>作者</td>
        <td>内容</td>
        <td>删除</td>
    </tr>
<%
    Iterator iter = all.iterator();
    while (iter.hasNext()) {
        Note note = (Note)iter.next();
        i++;
        //进行循环打印，打印出所有的内容，以表格形式从数据库中取出内容
        int id = note.getId();
        String title = note.getTitle();
        String author = note.getAuthor();
        String content = note.getContent();

        //因为要关键字返红，所以此处需要接收查询关键字
        //String keyword = request.getParameter("keyword");
        if (keyword != null) {
            //需要将数据返红
            title = title.replaceAll(keyword,
              "<font color=\"red\">" + keyword + "</font>");
            author = author.replaceAll(keyword,
              "<font color=\"red\">" + keyword + "</font>");
            content = content.replaceAll(keyword,
              "<font color=\"red\">" + keyword + "</font>");
        }
%>
        <tr>
        <td><%=id%></td>
        <td>
            <a href="Note?id=<%=id%>&status=selectid"><%=title%></a>
        </td>
```

```
                <td><%=author%></td>
                <td><%=content%></td>
                <td><a href="Note?id=<%=id%>&status=delete">删除</a></td>
            </tr>
<%
        }
        //判断 i 的值是否改变，如果改变，则表示有内容，反之，无内容
        if (i == 0) {
            //进行提示
%>
            <tr>
                <td colspan="5">没有任何内容！！！</td>
            </tr>
<%
        }
%>
    </table>
<%
} else {
    //用户未登录，提示用户登录，并跳转
    response.setHeader("refresh", "2;URL=login.jsp");
%>
    您还未登录，请先登录！！！
    <br>
    两秒后自动跳转到登录窗口！！！
    <br>
    如果没有跳转，请按<a href="login.jsp">这里</a>！！！
    <br>
<%
}
%>
</center>
</body>
</html>


<!--insert.jsp-->
<%@ page contentType="text/html;charset=gb2312"%>
<html>
<head>
    <title>MVC 模式留言管理程序</title>
</head>
<body>
<center>
<h1>MVC 模式留言管理程序</h1>
<hr>
<br>
<%
if (session.getAttribute("uname") != null) {
    //用户已登录
%>
```

```
    <form action="Note" method="post">
    <table>
    <tr>
        <td colspan="2">添加新留言</td>
    </tr>
    <tr>
        <td>标题：</td>
        <td><input type="text" name="title"></td>
    </tr>
    <tr>
        <td>作者：</td>
        <td><input type="text" name="author"></td>
    </tr>
    <tr>
        <td>内容：</td>
        <td><textarea name="content" cols="30" rows="6"></textarea></td>
    </tr>
    <tr>
        <td colspan="2">
            <input type="hidden" name="status" value="insert">
            <input type="submit" value="添加">
            <input type="reset" value="重置">
        </td>
    </tr>
    </table>
    </form>
    <h3><a href="list_notes.jsp">回到留言列表页</a></h3>
<%
} else {
    //用户未登录，提示用户登录，并跳转
    response.setHeader("refresh", "2;URL=login.jsp");
%>
    您还未登录，请先登录！！！
    <br>
    两秒后自动跳转到登录窗口！！！
    <br>
    如果没有跳转，请按<a href="login.jsp">这里</a>！！！
    <br>
<%
}
%>
</center>
</body>
</html>


insert_do.jsp
<%@ page contentType="text/html;charset=gb2312"%>
<html>
<head>
    <title>MVC 模式留言管理程序</title>
```

```
</head>
<body>
<center>
<h1>MVC 模式留言管理程序</h1>
<hr>
<br>
<%
//进行乱码处理
request.setCharacterEncoding("GB2312");
%>
<%
if (session.getAttribute("uname") != null) {
    //用户已登录
%>
<%
    response.setHeader("refresh", "2;URL=Note?status=selectall");
    boolean b = ((Boolean)request.getAttribute("flag")).booleanValue();
    if (b) {
%>
        留言添加成功, 两秒后跳转到留言列表页!!!
        <br>
        如果没有跳转, 请按<a href="Note?status=selectall">这里</a>!!!
<%
    } else {
%>
        留言添加失败, 两秒后跳转到留言列表页!!!
        <br>
        如果没有跳转, 请按<a href="Note?status=selectall">这里</a>!!!
<%
    }
%>
<%
} else {
    //用户未登录, 提示用户登录, 并跳转
    response.setHeader("refresh", "2;URL=login.jsp");
%>

您还未登录, 请先登录!!!
<br>
两秒后自动跳转到登录窗口!!!
<br>
如果没有跳转, 请按<a href="login.jsp">这里</a>!!!
<br>
<%
}
%>
</center>
</body>
</html>
```

9.3　本　章　小　结

本章通过留言板案例的实现，培养学生理解 MVC 设计模式，能够采用 MVC 模式完成一个比较完整的实例，能够开发数据库相关的 Web 应用。

参 考 文 献

[1] 李德有，刘明刚. Java Web 应用基础[M]. 北京：清华大学出版社，2011.

[2] 郭珍，王国辉. JSP 程序设计教程[M]. 北京：人民邮电出版社，2013.

[3] 李希勇. Java Web 开发技术教程[M]. 北京：清华大学出版社，2014.